FORSCHUNGSBERICHTE DES LANDES NORDRHEIN-WESTFALEN

Nr. 2141

Herausgegeben im Auftrage des Ministerpräsidenten Heinz Kühn
von Staatssekretär Professor Dr. h. c. Dr. E. h. Leo Brandt

Obering. Herbert Stein

Text. Ing. (grad.) Andreas Erkens

Institut für textile Meßtechnik M. Gladbach e. V.

Untersuchung über die Drehbewegung
von Druckrollern bei Walzenstreckwerken
in der Baumwoll- bzw. Zellwollspinnerei

SPRINGER FACHMEDIEN WIESBADEN GMBH 1970

Verlags-Nr. 012141

© Springer Fachmedien Wiesbaden 1970
Ursprünglich erschienen bei Westdeutscher Verlag GmbH, Köln und Opladen 1970

Gesamtherstellung: Westdeutscher Verlag ·

ISBN 978-3-663-19948-9   ISBN 978-3-663-20293-6 (eBook)
DOI 10.1007/978-3-663-20293-6

Inhalt

1. Vorwort 5

2. Allgemeine Betrachtungen 5

3. Aufgabenstellung 9

4. Versuchsaufbau 9
   - 4.1 Versuchsspinnmaschine 9
   - 4.2 Streckwerk 9
   - 4.3 Hilfseinrichtungen 9
   - 4.4 Fotoelektrischer Drehgeber 10
   - 4.5 Drehvorrichtung für Vorgarnspulen 11

5. Eingesetztes Material 11

6. Durchgeführte Untersuchungen 12
   - 6.1 Verhalten der Druckroller – Einflußgrößen – 12
   - 6.1.1 Druckrollerbelastung 12
   - 6.1.2 Druckrollerhärte 14
   - 6.1.3 Größe des Getriebeverzuges 15
   - 6.1.4 Streckfeldweite 17
   - 6.2 Eigenschaften des zu verziehenden Fasermaterials 18
   - 6.2.1 Fasermenge 18
   - 6.2.2 Haft-Gleit-Eigenschaften 19
   - 6.2.3 Vorgarndrehung 20

7. Zusammenfassung 20

8. Danksagungen 21

9. Literaturverzeichnis 22

Anhang 25

1. Vorwort

Dem Streckwerk ist die Aufgabe gestellt, ein vorgelegtes Faserband durch Verziehen zu verfeinern und damit eine Querschnittsverminderung zu erzielen.

Den im Spinnereivorwerk eingesetzten »Strecken« werden auf Karden erzeugte Faserbänder mehrfach vorgelegt. Für das Streckwerk kommt dabei ein Verzug zur Anwendung, der für das von den Lieferwerken ausgelieferte Faserband etwa den gleichen Querschnitt vermittelt wie ihn das Kardenband aufweist. Auf diese Weise ist ein Ausgleich vorliegender Querschnittsschwankungen zu erzielen. Außer diesem »Doubliereffekt« sollen die Fasern ausgerichtet und gut parallel gelegt werden. Bei Vorspinn- und Spinnmaschinen ist demgegenüber das zugeführte Faserband bzw. das vorgelegte Vorgarn zu verfeinern, um einen gewünschten Sollquerschnitt bzw. eine vorgegebene Garnnummer zu erhalten.

Die Größe des Verzugs wird durch den Geschwindigkeitsunterschied zwischen dem Einzugs- und dem Lieferzylinder bestimmt. Vorauszusetzen ist hierbei, daß das Material die Geschwindigkeit der angetriebenen Unterzylinder annimmt und ein entsprechendes Auseinanderziehen der aneinanderhaftenden Fasern erfolgt. Die Praxis zeigt, daß durch Sortieren festgestellte Materialquerschnitte bzw. Nummern des zugeführten Faserbandes und des vom Lieferwalzenpaar ausgelieferten Fasermaterials vielfach nicht einen dem eingestellten Getriebeverzug entsprechenden Unterschied aufweisen, vielmehr das ausgelieferte Material gröber ausfällt als es dem Geschwindigkeitsunterschied zwischen Einzugs- und Lieferzylinder entsprechen würde. Der vorliegende Bericht behandelt das Ergebnis von meßtechnischen Untersuchungen, die dazu dienen sollten, hierfür maßgebliche Ursachen aufzuzeigen und diesbezüglich vorliegende Fragen zu klären.

2. Allgemeine Betrachtungen

Wenn im praktischen Spinnereibetrieb Veranlassung gegeben ist, bei den auf verschiedensten Spinnereimaschinen verwendeten Streckwerken nicht einfach den Geschwindigkeitsunterschied zwischen Einzugszylinder und Lieferzylinder, d. h. den Getriebeverzug, so einzustellen, daß sich ein gewünschter Materialverzug ergibt, vielmehr die Wechselräder nach durchgeführten Sortierungen gewählt werden, dann ist hieraus zu folgern, daß der Materialtransport nicht genau mit der Walzenumfangsgeschwindigkeit (Zylinderdrehzahl) übereinstimmt. Ein Voreilen des Materials am Einzugszylinder oder ein Nachbleiben am Lieferzylinder hat zur Folge, daß das ausgelieferte Faserband (Faserbändchen) gröber ausfällt als es dem Getriebeverzug entsprechen sollte. Wird bei Sortierungen also festgestellt, daß der effektiv erreichte Verzug von dem für das Streckwerk angewandten Getriebeverzug abweicht, dann ist das auf ein mangelndes Klemmvermögen bzw. auf Schlupferscheinungen zurückzuführen. Nicht berücksichtigt sind hierbei die Auswirkungen von Bauscheffekten und Materialdehnungen, die unter der Einwirkung der Zugkräfte auftreten, und die anschließend zu Krumpf- bzw. Schrumpfeffekten führen. Deren Ausmaß dürfte jedoch vernachlässigbar klein bleiben.

Bei Strecken sind an den Klemmlinien der Walzenpaare relativ große Fasermassen zwischen Zylinder und Druckroller zu führen und abzuklemmen. Günstigere Voraussetzungen ergeben sich für Vor- und Feinspinnmaschinen. Das am Lieferwalzenpaar der Feinspinnmaschine austretende, zur Fadenbildung dienende Fasermaterial hat nur noch einen geringen Gesamtquerschnitt, so daß hier die sichere Führung und Abklemmung kaum größere Schwierigkeiten bereitet. Um ein vorgelegtes Faserband aufzulösen bzw. zu verziehen, sind Zugkräfte erforderlich. Deren Größe ist von verschiedenen Faktoren abhängig, die wie folgt aufzugeben sind:

die Haft-Gleit-Eigenschaften des Fasermaterials und in diesem Zusammenhang
die Faserlänge, die Faserfeinheit, die Faserkräuselung und die Faseroberflächenbeschaffenheit,
die Faserpressung in der Verzugszone, die beeinflußt wird von dem Verhältnis Faserstapel zur Streckfeldweite, bei Vorgarnen von der erteilten Drahtgabe und schließlich von der Höhe des zwischen Einzugszylinder und Lieferzylinder eingestellten Verzugs, da hiervon die Zahl der Fasern abhängt, die das Lieferwalzenpaar aus dem vom Einzugswalzenpaar vorgelegten Faserbart herausziehen muß.

Die Größe der Haftkräfte von Faserbändern und Vorgarnen wird im allgemeinen durch Haft-Gleit-Prüfungen ermittelt. Diese können am ruhenden Prüfgut (statischer Zugversuch) oder auch am laufenden Prüfgut (mit Hilfe von Dehnungsprüfmaschinen) festgestellt werden. Dabei kommt es insbesondere darauf an, Zahlenwerte für die Größe der Haftkraft zu finden, d. h. der Kraft, die erforderlich ist, um nach erfolgtem Anspannvorgang den Verzugsvorgang einzuleiten. Dieser wird sich bei einer gegenüber der Stapellänge genügend großen Prüfstreckenlänge meist auf den Abschnitt des Prüfgutes verlegen, der die geringste Widerstandsfähigkeit aufweist. Dabei tritt ein Kraftrückgang ein, bis die letzten aneinander haftenden Fasern den Kontakt miteinander verloren haben und eine völlige Auflösung erfolgt ist.

Die Streckwerke in der Baumwoll- bzw. Zellwollspinnerei sind im allgemeinen als Mehrzylinderstreckwerke aufgebaut. Die Verfeinerung, d. h. der Verzug, erfolgt dann in hintereinandergeschalteten Verzugszonen. Die Streckfeldweite wird dabei dem Materialstapel angepaßt. Für Spinnmaschinen und Vorspinnmaschinen ist es üblich, den Vorverzug, d. h. den Geschwindigkeitsunterschied zwischen dem Einzugszylinder und dem Mittelzylinder, relativ niedrig zu wählen und die gewünschte Verfeinerung des Faserbandes bzw. Vorgarnes vorwiegend in der Hauptverzugszone vorzunehmen. Hier finden dann im allgemeinen auch Faserführungselemente in Form von Führungsriemchen Verwendung, die dafür sorgen sollen, daß sich die Fasern dort nicht auseinanderspreizen, sondern geordnet bis dicht vor die Klemmlinie des Lieferzylinderpaares geführt werden, um damit ein Breitverlaufen zu vermeiden.

Grundsätzlich andere Verhältnisse liegen für das Vorverzugsfeld vor. Hier kommen meist Vorverzüge, d. h. Getriebeverzüge zwischen Einzugszylinder und Mittelzylinder zur Anwendung, die eine Größenordnung von nur 1,05- bis 1,3fach haben.

Sehr kleine Geschwindigkeitsunterschiede werden u. U. durch die Bauschelastizität des Faserbändchens und die Faserdehnung aufgenommen, so daß in der Vorverzugszone lediglich eine Anspannung herrscht, nicht aber ein Verzug einsetzt. Der Einzugszylinder übernimmt hier lediglich die Aufgabe, die Klemmwirkung des Mittelzylinders zu sichern und dafür zu sorgen, daß die Materialzuführung in der Hauptverzugszone mit der vorgesehenen Umfangsgeschwindigkeit des Mittelzylinderpaares erfolgt.

Höhere Vorverzüge führen zur Ausbildung von relativ großen Zugkräften im Vorverzugsfeld. Es kommt dann zu Auflösungserscheinungen, d. h. zu einem echten Vorverzug, und das Faserbändchen läuft entsprechend verfeinert dem Mittelzylinder zu. Hierbei ist, wie einschlägige Untersuchungen gezeigt haben, keine Gewähr dafür gegeben, daß sich der Verzug stetig abspielt und es nicht gelegentlich zu einem andauernden Wechsel zwischen Anspann- und Verzugsvorgängen kommt.

Ist – wie bei Haft-Gleit-Prüfungen mit gegenüber der Stapellänge relativ großen Prüfstreckenlängen – damit zu rechnen, daß sich der einsetzende Verzug auf eine bestimmte Stelle legt, dann wird folgendes eintreten:

Mit zunehmender Auflösung der aufgezogenen Materialstelle fällt die Kraft ab. Sobald die entstandene »Dünnstelle« das Abzugswalzenpaar passiert und die Verzugszone verlassen hat, kommt es wieder zu einem Anspannvorgang, der so lange andauert, bis erneut die Haftkraft überschritten und ein neuer Verzugsvorgang eingeleitet wird.

Bei einer der Stapellänge angepaßten Streckfeldweite im Vorverzugsfeld lassen sich diese Vorgänge einigermaßen beherrschen. Trotzdem ist festzustellen, daß beobachtete, nahezu periodisch über kurze Längen auftretende Querschnittsschwankungen vielfach auf solche wechselnden Verzugsvorgänge in Dreizylinderklemmstrecken zurückzuführen sind. Eine Abhilfe kann im allgemeinen durch Veränderungen der Höhe des Getriebeverzuges oder auch durch Verkleinern der Streckfeldweite erzielt werden.

Zu beachten ist auf jeden Fall, daß die Zugkräfte im Vorverzugsfeld von Dreizylinderklemmstreckwerken recht erhebliche Werte erreichen können, und sich hierdurch Schwierigkeiten für eine sichere Materialführung ergeben, die eine Gewähr dafür bieten soll, daß das Fasermaterial die von den Unterzylindern vorgeschriebenen Transportgeschwindigkeiten annimmt.

Bei eingehenden meßtechnischen Untersuchungen getroffene Feststellungen und in der Praxis gemachte Erfahrungen zeigen, daß es nicht ganz einfach ist, bei der Förderung von Textilien durch Lieferwalzenpaare eine sichere, schlupffreie Mitnahme zu gewährleisten, wenn in zugeführten oder abgezogenen Materialabschnitten relativ große Zugkräfte wirksam sind.

Zu verweisen ist hierzu auch auf Beobachtungen, die beim Einsatz von Dehnungsprüfmaschinen gemacht worden sind, welche die Aufgabe haben, die Kraft-Dehnungs-Eigenschaften von Faser- und Endlosgarnen am laufenden Prüfgut zu ermitteln. Durchschlupferscheinungen an der Einzugs- und/oder Abzugswalze führen hier zu einer Beeinflussung der für einen vorgegebenen Getriebeverzug (Dehnungsstufe) zu ermittelnden Dehnkräfte und sind deshalb relativ leicht nachzuweisen.

Die Härte des Druckrollerbelags und der Anpreßdruck bestimmten die Größe der Auflagefläche und sind damit maßgebend für das Klemmvermögen Das zwischen Zylinder und Druckroller geführte Faserbändchen wird sich in den Belag eindrücken. Auf diesen Vorgang nimmt zusätzlich das Volumen bzw. der Querschnitt des Faserbändchens Einfluß. Findet ein harter Druckrollerbelag Verwendung und ist die Materialmenge groß, dann wird der Druckroller den Kontakt zum Unterzylinder verlieren. Seine Mitnahme erfolgt dann nur noch über das Faserbändchen, wobei – sofern dieses nicht unter der Einwirkung von Zugspannungen steht – bei einem leichtgängigen Druckroller keinerlei Schwierigkeiten zu erwarten sind.

Treten dagegen größere Anspann- oder auch Verzugskräfte auf, und sind diese einseitig nur hinter oder auch vor dem den Materialtransport bewirkenden Walzenpaar wirksam, dann kann dies zur Folge haben, daß der Druckroller nicht mehr gleichsinnig mit dem Unterzylinder umläuft. Er »schwimmt« auf dem Fasermaterial, und es besteht die Gefahr, daß, in Laufrichtung gesehen, hinter dem Walzenpaar wirksame Zugkräfte ein Voreilen gegenüber dem Unterzylinder bewirken und andererseits ein Nachbleiben eintritt, wenn, wie das bei einem Mittelzylinder der Fall ist, große Zugkräfte *vor* der Klemmstelle wirksam sind.

Mit solchen Zuständen ist vor allem bei den Streckwerken von Strecken zu rechnen, wo relativ große Fasermengen zu verarbeiten sind, und diese in Form von Karden- oder Streckenbändern ausgebreitet zugeführt werden und an der Klemmstelle nebeneinander liegen. In einem solchen Falle ist auch bei relativ weichen Druckrollerbelägen keine Gewähr dafür gegeben, daß die Außenkanten des Druckrollers noch Kontakt mit dem Unterzylinder finden und auf diese Weise zwangsläufig angetrieben dafür sorgen, daß die Druckrollerumlaufgeschwindigkeit mit der Geschwindigkeit des Unterzylinders übereinstimmt. Günstigere Verhältnisse liegen diesbezüglich vor, wenn bei Vor- und Feinspinnmaschinen die Masse des zugeführten Fasermaterials bzw. ihr Querschnitt gegenüber der Druckrollerbreite relativ gering ist. Es wird dann durch die Art des Druckrollerbelages und durch den angewandten Preßdruck dafür zu sorgen sein, daß der Druckroller seinen Antrieb direkt vom Unterzylinder erhält. Auch hierbei ist jedoch nicht auszuschließen, daß er »Eigenbewegungen« ausführt und je nach den vorliegenden Verhältnissen Neigung zeigt, vorzueilen oder nachzubleiben.

Bei Betrachtungen über die Arbeitsweise eines Dreizylinderklemmstreckwerkes hat – wie vorstehend schon ausgeführt – zu gelten, daß bei einem Schlupf am Einzugszylinder der Verzug nicht in voller Höhe ausgeübt und damit am Lieferwalzenpaar ein zu grobes Faserbändchen ausgeliefert wird. Gleiche Auswirkungen ergeben sich natürlich auch für einen Schlupf am Lieferzylinder. Wegen der hier abzuklemmenden relativ geringen Fasermassen, außerdem wegen der gegenüber dem Vorverzugsfeld wesentlich kleineren Zugkräfte im Hauptverzugsfeld sind in diesem Falle aber wesentlich günstigere Voraussetzungen für eine mit der Unterzylindergeschwindigkeit übereinstimmende Druckrollerbewegung gegeben.

Vielfach kommen – obwohl hierfür eine besondere Veranlassung nicht gegeben scheint – für die Druckroller am Lieferzylinder höhere Preßdrücke zur Anwendung als für Einzugs- und Mittelzylinder. Wird unter der Wirkung der Zugkräfte im Vorverzugsfeld der Druckroller am Mittelzylinder veranlaßt, gegenüber dem Einzugszylinder nachzubleiben, dann hat das keine direkte Auswirkung auf den insgesamt ausgeübten Verzug bei einem 3-Zylinder-Klemmstreckwerk. Es ist aber damit zu rechnen, daß sich ein solches Verhalten störend auf die Verzugsvorgänge im Hauptverzugsfeld auswirkt.

Auf den Transport des Fasermaterials an der Klemmstelle nimmt auch dessen Oberflächenbeschaffenheit Einfluß. Ölige Avivagen, die sich auf Zylinder- und Druckrolleroberfläche ablagern, begünstigen Schlupferscheinungen. Das gilt sowohl für das Fasermaterial gegenüber den Streckwerkzeugen als auch für die Mitnahme des Druckrollers durch den angetriebenen Zylinder.

Mit einer Riffelung der Zylinder wird eine bessere Mitnahme der mit Druck aufliegenden Fasern erzielt. Auch preßt sich der Druckrollerbezug in die Riffel und schafft dadurch gute Voraussetzungen für die Übertragung der Drehbewegung, sofern die geführte Fasermasse nicht so groß ist, daß der Kontakt zwischen angetriebenem Zylinder und mitgenommenem Druckroller verlorengeht.

3. Aufgabenstellung

Dem vorliegenden Untersuchungsvorhaben war die Aufgabe gestellt zu ermitteln, welche Faktoren für das mangelnde Klemmvermögen von Druckrollern und daraus resultierende Durchschlupferscheinungen maßgebend sind. Zu unterteilen ist dabei in

1. die Auswirkung streckwerksbedingter Parameter (Druckrollerbelastung und -härte, Getriebeverzug und Streckfeldweite) und
2. den Einfluß der Eigenschaften des zu verziehenden Faserbandes (Vorgarnnummer und -drehung, Haft-Gleit-Verhalten).

4. Versuchsaufbau

4.1 Versuchsspinnmaschine

Für die Durchführung der vorgesehenen Untersuchungen stand dem Institut eine Kleinspinnmaschine vom Typ SKF-Spinntester zur Verfügung. Der Antrieb erfolgt über einen in weiten Grenzen regelbaren thyratrongesteuerten Gleichstrommotor. Der Spinntester ist mit Regelgetrieben ausgestattet, die es möglich machen, die Umlaufgeschwindigkeit der einzelnen Streckwerkszylinder gegeneinander zu verstellen, um gewünschte Verzüge zu erzielen. Die Einstellung der Grundgeschwindigkeit erfolgte während der Versuche durch Beobachtung der über Band angetriebenen Spindeln mittels eines geeichten Lichtblitzstroboskopes. Das Untergestell der Maschine ist so aufgebaut, daß Streckwerke verschiedener Konstruktion aufgesetzt werden können.

4.2 Streckwerk

Von den zur Verfügung stehenden Streckwerken wurde für die Versuche der Typ PK 400 mit Druckrollerbelastung durch Pendelträger ausgewählt. Mittel- und Hinterzylinder sind hierbei mit geradlinigen achsparallelen Riffelungen versehen.
Im Sinne des Versuchsvorhabens kommt der Größe der Druckrollerbelastung eine besondere Bedeutung zu. Das gab Veranlassung, den Pendelträger an der eigentlichen Meßstelle in der aus *Abb. 1*[*] ersichtlichen Weise abzuändern. Dadurch wird es möglich, den Anpreßdruck des Druckrollers auf dem Hinterzylinder praktisch stufenlos und in verhältnismäßig einfacher Weise zu verändern. An der Skala der gemäß Abb. 1 angeordneten Federwaage sind Zahlenwerte über die Größe der wirksamen Zugkraft abzulesen.
Für die Belastung des Druckrollers auf dem Mittelzylinder standen verschiedene vom Herstellerwerk vorgefertigte Belastungsfedern zur Verfügung, die, um unterschiedliche Druckeinstellungen zu erzielen, gegeneinander ausgetauscht werden konnten.

4.3 Hilfseinrichtungen

Um feststellen zu können, wieweit das zwischen Zylinder und Druckroller geführte und unter Zugspannung stehende Material die Bewegung des Druckrollers beeinflußt, wurden

---

[*] Die Abbildungen stehen im Anhang ab Seite 25.

bei Vorversuchen mittels elektrischer Kontaktgeber und Zählwerke nicht nur die Druckroller-Umdrehungen, vielmehr zusätzlich auch die Zylinderumdrehungen ermittelt.
Später wurde so vorgegangen, daß von den zu einem Pendelträger gehörenden, auf einer Achse sitzenden zwei Druckrollern nur einer zum Führen eines vorgelegten Faserbändchens diente, während der zweite direkt auflag und damit in unmittelbarer Verbindung zum Unterzylinder stand. Die Umdrehungszahlen beider Druckroller wurden mit Hilfe elektrischer Zählwerke bestimmt und miteinander verglichen. Damit waren zusätzliche Einflüsse zu berücksichtigen, die nicht durch das abgeklemmte Material, vielmehr durch die Verformung des Druckrollerbelags bedingt sind.
Die prinzipielle Anordnung dieser mit Mikroschaltern aufgebauten Meßeinrichtung ist aus *Abb. 2* ersichtlich. Daraus geht auch hervor, daß pro Druckrollerumdrehung 4 Impulse gegeben und angeschlossene Impulszählwerke entsprechend weitergeschaltet werden. *Abb. 3* zeigt das komplette Streckwerk des Spinntesters mit Hilfseinrichtungen. Die Impulszählwerke für Hinter- und Mittelzylinder (insgesamt 4 Stück) sind in die kleinen, unter dem Lieferwalzenpaar aufgestellten Gerätegehäuse eingeordnet.
Beim Studium der Vorgänge am Mittel- und am Hinterzylinder bzw. bei Feststellungen von Eigenbewegungen der Druckroller durch Zugkräfte im Fasermaterial wurde normalerweise nicht »gesponnen« und auf eine Fadenbildung verzichtet. Das vom Mittelzylinder ausgelieferte Fasermaterial ist vielmehr mittels eines Industriestaubsaugers kontinuierlich abgesaugt worden, so daß die Anordnung jeweils während einer längeren Zeit betrieben werden konnte.

4.4 Fotoelektrischer Drehgeber

Die vorgenannten Zählvorrichtungen gestatten die Bestimmung »mittlerer« Umlaufgeschwindigkeiten. Ausgehend von der Erkenntnis, daß die in einem Faserband wirksamen Anspann- und Verzugskräfte größeren Schwankungen unterliegen, war anzunehmen, daß sich die Druckroller nicht gleichförmig bewegen, wenn die Mitnahme vom Unterzylinder her irgendwie gestört ist. Das gab Veranlassung zum Einsatz eines inkrementalen Drehgebers, der durch fotoelektrische Abtastung eines umlaufenden Rasters und nachfolgende elektronische Impulsformung je Umdrehung 250 Rechteckimpulse liefert. Der Antrieb erfolgte im vorliegenden Falle durch eine Reibscheibe, die leicht auf den Druckroller aufgedrückt wird. Bei dem auf diese Weise in Umdrehung versetzten Drehgeber kann durch Feststellung des zeitlichen Abstandes der Anstiegsflanken zweier aufeinander folgender Impulse, Impulsschritt genannt, die mittlere Winkelgeschwindigkeit für den zu einem Impulsabstand gehörenden Drehwinkel errechnet werden. Wird diese Art der Ausmessung stetig wiederholt, dann läßt sich ein Diagramm aufnehmen, das die für die einzelnen Impulsabstände erforderlichen Zeiten in der Ordinate angibt und dessen Abszisse ebenfalls im Zeitmaßstab geteilt ist. Einem solchen Diagramm können Angaben über die Winkelgeschwindigkeit, die Drehzahl und über die Umfangsgeschwindigkeit entnommen und Aussagen über deren Schwankungen gemacht werden. Das Auflösungsvermögen einer solchen Messung ist von der Anzahl der Impulse je Umdrehung des Drehgebers abhängig.
Bei den durchgeführten Untersuchungen erfolgte die Ausmessung der Impulsabstände mit Hilfe einer Vergleichsfrequenz aus einem Philips-NF-Generator unter Zuhilfenahme einer selbstgebauten logischen Schaltung. Es wird gezählt, wieviel Perioden der Vergleichsfrequenz (Zählschritte) innerhalb eines Impulsschrittes liegen. Der verfügbare Zählumfang beträgt dabei 252 Schritte, d. h. die Dauer für einen Impulsschritt darf max. 252 Periodenlängen der Vergleichsfrequenz betragen. Das bedeutet, daß je nach auszumessender Geschwindigkeit die zweckmäßige Vergleichsfrequenz gewählt werden muß.

Um die Anzeige des Gerätes besser auswerten zu können, wird der Zählwert für jeden Impulsschritt nicht in Form eines Zahlenwertes angezeigt, sondern in einem Digital-Analog-Umsetzer in eine analoge elektrische Spannung verwandelt, die mit Hilfe eines Tintenschreibers oder eines Oszillographen angezeigt und registriert werden kann. Bei Beginn jedes Impulsschrittes beginnt dieser Spannungswert mit Null und steigt im Verlauf der Zählung an, bis der nächste Impuls die Messung stoppt und gleichzeitig der nächste Meßvorgang beginnt.

Der in diesem Falle auf den Druckroller des Hinterzylinders aufgesetzte inkrementale Drehgeber ist aus Abb. 3 ersichtlich. *Abb. 4* zeigt den Spinntester mit der gesamten verwendeten Meßeinrichtung, wobei für die Erfassung der Meßwerte des Drehgebers ein Kathodenstrahloszillograph in Verbindung mit einer Zeiss-Philips-Registrierkamera Verwendung fand.

4.5 Drehvorrichtung für Vorgarnspulen

Um in einfacher Weise einem in Spulenform aufgewickelten Vorgarn mit bekanntem, vorgegebenem Drall (T/m) eine zusätzliche Drehung erteilen oder auch eine Drehungsverminderung erreichen zu können, wurde die mit *Abb. 5* im Prinzip dargestellte und mit *Abb. 6* als Foto gezeigte Anordnung aufgebaut. Sie besteht im wesentlichen aus einer drehbaren Spulenhalterung, in welcher die Spule leichtgängig gelagert ist, so daß das Vorgarn in bekannter Weise tangential abgezogen werden kann, ohne daß sich unzulässig hohe Zugkräfte ausbilden. Der Antrieb erfolgt vom Streckwerk aus über ein mechanisches Regelgetriebe (PIV-Getriebe) mit einem Regelbereich 1 : 5,7 und über Wechselräder, so daß eine Möglichkeit gegeben ist, den zusätzlich erteilten Drall auf verschieden hohe Werte einzustellen. Eine Drehrichtungsänderung zwecks Erreichung einer Drallverminderung ist durch Umschalten eines dafür vorgesehenen Wendegetriebes möglich.

5. Eingesetztes Material

Um die Untersuchungen unter weitgehend gleichen Vorbedingungen durchführen zu können, kam als Fasermaterial Zellwolle zum Einsatz. Die Faserfeinheit betrug 3,0 dtex, die Faserlänge 60 mm.

Den bei dem eingesetzten Streckwerk vorliegenden Gegebenheiten Rechnung tragend, wurden geflyerte Vorgarne vorgelegt und hierbei eine Vorgarnnummer 500 tex und eine Drehung von 26,3/m gewählt. Um die Materialmenge in der Verzugszone zu vergrößern, dadurch besonders ungünstige Voraussetzungen zu schaffen und Vorgänge nachzuahmen, die sich in den Streckwerken von Strecken ergeben, sind jeweils 3 gleiche Vorgarne zugeführt worden. Diese liefen in einem Abstand von ca. 10 mm parallel liegend dem Einzugszylinderpaar zu, so daß der Druckroller vom Unterzylinder abgehoben wurde, sofern sich das Material nicht unter der Einwirkung der angewandten Belastungskräfte in den Druckrollerbelag einbettete.

Bei der Ermittlung des Einflusses der Haft-Gleit-Eigenschaften des eingesetzten Fasermaterials (vgl. Abschnitt 6.2.2) wurden außerdem Vorgarnlunten aus Polyesterfasern 3,3 dtex, 60 mm Faserlänge, Vorgarnnummer 500 tex, Drehung 21,4/m und Polyamid-Fasern 3,0 dtex, Länge 60 mm, 500 tex, 20 Drehungen/m eingesetzt.

6. Durchgeführte Untersuchungen

6.1 Verhalten der Druckroller – Einflußgrößen –

Gemäß der vorliegenden Aufgabenstellung galt es zunächst, Beobachtungen darüber anzustellen, wie sich ein auf den Unterzylinder aufgedrückter Druckroller verhält, wenn zwischen Druckroller und Riffelzylinder Material zugeführt wird, das durch auftretende Anspann- oder Verzugsvorgänge unter der Einwirkung mehr oder weniger großer Zugkräfte steht. Bei relativ weichem Überzugsmaterial und großen Drücken kann angenommen werden, daß sich die Fasermasse in den Druckrollerbelag einbettet, so daß dieser nicht vom Unterzylinder abgehoben wird. Andere Verhältnisse liegen vor, wenn, wie das bei Strecken der Fall ist, viel Fasermaterial im Verhältnis zur Druckrollerlänge breit verlegt durch die Klemmstelle hindurchgeführt wird und ein harter Druckrollerbelag Verwendung findet, der sich durch die zwischenliegenden Fasern nur wenig verformt, so daß der Kontakt Druckroller-Unterzylinder verlorengeht.

Auf die Höhe der in dem zu verziehenden Faserbändchen (Vorgarn) wirksamen Zugkräfte nimmt die Größe des Getriebeverzuges einen maßgeblichen Einfluß. Hiervon ist es abhängig, ob es nur zu einer Anspannung kommt und eine Auflockerung bzw. die Auflösung des Faserverbandes noch nicht erfolgt oder ob Verzugsvorgänge einsetzen, wobei sich die Fasern gegeneinander verschieben und in der Verzugszone bei sicherer Klemmung am Einzugs- und Lieferzylinder eine entsprechende Materialverfeinerung eintritt. Von Bedeutung ist in dem Zusammenhang auch die Streckfeldweite, d. h. der Abstand der Klemmpunkte von Einzugs- und Lieferzylinderpaaren, der auf jeden Fall größer gewählt sein muß als der maximale Faserstapel.

Die Größe der Anspann- und Verzugskräfte ist weitgehend auch von den Haft-Gleit-Eigenschaften bzw. der Oberflächenbeschaffenheit des vorliegenden Fasermaterials abhängig. Art und Struktur der Fasern, auf die Fasern bzw. nachträglich auf die Faserbänder aufgebrachte Präparations- bzw. Avivagemittel und ein durch Kompression, Nitschelung oder Drahtgabe vermittelter Zusammenhalt werden deshalb auf die Faserführung und den Ablauf der Verzugsvorgänge im Streckwerk Einfluß nehmen.

Dabei ist auch zu beachten, daß die Mitnahme der Druckroller durch die angetriebenen Unterzylinder mittels Reibung erfolgt. Eine durch Avivagen veränderte Walzenoberflächenbeschaffenheit wird die Reibungsverhältnisse und damit die Mitnahme beeinflussen und sich auf diese Weise u. U. ebenfalls auf den Vortrieb des Druckrollers auswirken.

6.1.1 Druckrollerbelastung

Zunächst galt es, anschaulich aufzuzeigen, wie sich die Druckroller verhalten, wenn unter gegebenen Voraussetzungen der Anpreßdruck verändert wird. Das Verzugssystem wurde dabei durch den Einzugszylinder und den Mittelzylinder – nachstehend mit Lieferzylinder bezeichnet – des für den Spinntester verfügbaren Dreizylinderklemmstreckwerkes mit Pendelträger PK 400 gebildet (vgl. Abschnitt 4.2). Über die Versuchsdaten sind folgende Angaben zu machen:

Ausgehend von der Überlegung, daß sich in der eigentlichen Streckzone größere Zugkräfte in dem eingebrachten Material dann ausbilden, wenn an der Grenze zwischen Anspannung und einsetzendem Verzug gearbeitet wird, kam – sofern es nicht anders angegeben wird – ein Getriebeverzug von 1,14fach zur Anwendung (vgl. Abschnitt 6.1.3).

In Anpassung an die Faserlänge wurde die Streckfeldweite auf 70 mm eingestellt. Der Einfluß der Streckfeldweite auf das Verhalten der Druckroller ist im Abschnitt 6.1.4 gesondert behandelt. Die Umfangsgeschwindigkeit des Einzugszylinders betrug bei den Versuchen 0,715 m/min. Die Umfangsgeschwindigkeit des Lieferzylinders (Mittelzylinder) ergab sich entsprechend dem angewandten Getriebeverzug zu 0,815 m/min.

Die Druckrollerbelastung für den Einzugszylinder ließ sich mit Hilfe der Spannvorrichtung für die Federwaage (vgl. hierzu Abschnitt 4.2) auf verschiedene Werte einstellen. Für den Lieferzylinder kam eine Druckrollerbelastung von 8 kp, wahlweise eine solche von 11 kp zur Anwendung. Zu beachten ist dabei, daß es sich bei diesen Angaben um eine Achsbelastung handelt und sich der Druck auf 2 getrennt umlaufende Druckroller verteilt. Wird der Druckroller auf dem Lieferzylinder stark, der Druckroller auf dem Einzugszylinder dagegen schwach belastet, dann ist anzunehmen, daß das an der Klemmstelle gefaßte Fasermaterial am Lieferzylinder dessen Geschwindigkeit annimmt, praktisch also schlupflos transportiert wird. Kommt es in der Verzugszone nicht zu einer Auflösung des Faserbandes, dann ist andererseits zu erwarten, daß das Fasermaterial gegenüber der Umfangsgeschwindigkeit des Einzugszylinders voreilt. Dabei wird der aufgedrückte Druckroller veranlaßt sein, dem auf diese Weise vermittelten Antrieb folgend sich schneller zu drehen als es der Umfangsgeschwindigkeit des Unterzylinders entsprechen würde.

Eine Bestätigung für diese Überlegung bringt *Abb. 7*. Dargestellt ist hierbei zunächst einmal mit der gestrichelt eingetragenen Linie die Umlaufgeschwindigkeit des ohne Fasermaterial direkt auf dem Einzugszylinder aufliegenden Druckrollers, abhängig von der angewandten Druckrollerbelastung. Der Einfluß ist unbedeutend und führt lediglich dazu, daß sich eine mit der Erhöhung der Belastung zunehmende Verformung des Druckrollerbelags in einer geringfügigen Geschwindigkeitsverminderung auswirkt.

Wenn sich durch eine Verformung des Druckrollerbelags der Achsabstand Druckroller – Unterzylinder verkleinert, dann sollte angenommen werden, daß sich wegen des entsprechend verminderten Radius bei gleichbleibendem Zylinderdurchmesser die Drehzahl des Druckrollers erhöht. Wenn das nach den Versuchsergebnissen nicht der Fall ist, vielmehr ein Drehzahlabfall eintritt, dann ist hierfür folgende Erklärung zu geben:

Die Bewegung eines Druckrollenbezuges um die Druckrollenachse kann mit der Strömung einer Flüssigkeit in einer zum Kreis geformten Rohrleitung verglichen werden. In einer solchen Leitung strömt die Flüssigkeit überall mit konstanter Geschwindigkeit, wenn die Leitungsquerschnitte überall gleich sind (Kontinuitätsbedingung der inkompressiblen Strömung). Eine Verengung der Rohrleitung an einer beliebigen Stelle hat die Vergrößerung der Strömungsgeschwindigkeit an der gleichen Stelle zur Folge.

Bei Außerachtlassung der Tatsache, daß die Wanderungsgeschwindigkeit eines Teilchens des Druckrollerbezuges um so größer ausfällt, je weiter dieses von der Drehachse entfernt ist, kann angenommen werden, daß die gemittelte Geschwindigkeit aller Teilchen im Klemmpunkt – wegen des dort verkleinerten Querschnittes – größer sein muß als an anderen Stellen. Wird zusätzlich die Geschwindigkeitsabhängigkeit vom Radius berücksichtigt und dabei beachtet, daß der elastische Bezug fest auf dem Kern aufliegt und an seiner Berührungsfläche mit dem Kern überall dessen Geschwindigkeit annehmen muß, ist zu folgern, daß die Geschwindigkeitsunterschiede an der Bezugsoberfläche größer sein müssen als die Unterschiede der gemittelten Geschwindigkeit. Daraus folgt, daß die Oberflächengeschwindigkeit des Druckrollenbezuges im Klemmpunkt, die der Zylindergeschwindigkeit gleich ist, stets größer sein muß als die Oberflächengeschwindigkeit in genügend weitem Abstand vom Klemmpunkt. Der Größenunterschied ist von der Größe der Eindrückung des Bezuges im Klemmpunkt und damit von der Druckrollenbelastung, der Bezugsweichheit und der Bezugsstärke abhängig. Eine Vergrößerung der drei genannten Einflußgrößen bewirkt eine Vergrößerung des Geschwindigkeitsunterschiedes.

Wird in das Streckssystem Fasermaterial eingeführt, dann ist, wie vorstehend ausgeführt, bei kleinen Belastungsdrücken am Einzugszylinder ein Voreilen des Druckrollers gegenüber dem Unterzylinder zu erwarten. Würde unter den für den Versuch zugrundegelegten

Verhältnissen das Faserbändchen ohne Dehnung bzw. Verzug durch die Streckzone geführt werden und hierbei die Geschwindigkeit des Lieferzylinders annehmen, dann müßte die Umlaufgeschwindigkeit des mitgezogenen Druckrollers auf dem Einzugszylinder 0,815 m/min betragen.

Die ausgezogenen Linien in Abb. 7 lassen anschaulich erkennen, wie sich mit zunehmendem Preßdruck die Druckrollerumlaufgeschwindigkeit vermindert und asymptotisch der Sollgeschwindigkeit, d. h. der vom angetriebenen Einzugszylinder vorgeschriebenen, nähert. Wie zu erwarten, ist dabei auch ein gewisser Einfluß der Druckrollerbelastung am Lieferzylinder festzustellen. Wird dieser von 8 kp auf 11 kp erhöht, dann vergrößert sich – offenbar durch Ansteigen der Zugkräfte im Streckfeld – die Voreilung des Druckrollers gegenüber dem Einzugszylinder.

Abhängig von den Materialeigenschaften bzw. von der Möglichkeit, Klemmdrücke aufzuwenden, die Verzugsvorgänge einleiten und in voller Größe wirksam werden lassen, wird auch die Mitnahme des Druckrollers auf dem Lieferzylinder gewissen Veränderungen unterliegen. Hier ist jedoch nicht damit zu rechnen, daß er gegenüber der Umfangsgeschwindigkeit des angetriebenen Unterzylinders voreilt. Vielmehr ist zu erwarten, daß er entsprechend nachbleibt und sich damit auf die vom Einzugszylinder vorgegebene Geschwindigkeit einstellt. Mit *Abb. 8* wird das Ergebnis der hierüber angestellten Messungen wiedergegeben. Dabei ist die Abhängigkeit von der Druckrollerbelastung auf dem Einzugszylinder aufzuzeigen. Die Geschwindigkeit, die sich einstellt, wenn der Druckroller mit 8 kp direkt, d. h. ohne ein dazwischenliegendes Faserband aufgedrückt wird, ist wiederum gestrichelt dargestellt. Da in diesem Falle die Druckrollerbelastung am Einzugszylinder keinerlei Einfluß ausüben kann, verläuft die Linie parallel zur Abszissenachse. Mit ausgezogenen Linien sind die Meßpunkte verbunden, die sich ergeben, wenn das Fasermaterial (3 im Abstand von 10 mm parallelliegende Vorgarne) in die Verzugszone eingeführt wird. Die obere Linie gilt dabei für eine Druckrollerbelastung am Lieferzylinder von 11 kp, die untere für 8 kp. Ersichtlich ist daraus, daß bei der hohen Druckrollerbelastung (11 kp) die Vorgänge am Einzugszylinder praktisch von nur geringem Einfluß auf die Druckrollerbewegung am Lieferzylinder bleiben, auch dann, wenn die Einzugszylinderbelastung bis auf 14 kp gesteigert wird.

Erfolgt an den Klemmstellen ein Durchschlupf – im Sinne der Materialrichtung am Einzugszylinder – entgegen der Laufrichtung am Lieferzylinder – dann hat dies eine Verminderung der Dehnung bzw. des Verzugs für das zwischen den beiden Klemmstellen geführte Fasermaterial zur Folge.

Die von den angetriebenen Unterzylindern abweichenden Umlaufgeschwindigkeiten der aufgedrückten Druckroller vermitteln gewisse Aussagen über die auftretenden Schlupferscheinungen und damit über die Verzugsvorgänge. Das gab Veranlassung, die für unterschiedliche Einzugszylinderbelastungen und gleichzeitig die beiden angewandten unterschiedlichen Druckrollerbelastungen am Lieferzylinder (8 kp und 11 kp) gefundenen Werte gegenüberzustellen und eine »Geschwindigkeitsdifferenz« zu ermitteln, die indirekt erkennen läßt, wieweit der eingestellte Getriebeverzug unter den verschiedenen Voraussetzungen auch wirklich auf das Fasermaterial ausgeübt wird bzw. wieweit sich der Sollwert durch die auftretenden Schlupferscheinungen vermindert. Zu verweisen bleibt hierzu auf das Kurvenblatt *Abb. 9*, das nach dem Vorgesagten ohne weitere Erklärungen verständlich sein dürfte.

6.1.2 *Druckrollerhärte*

Das Klemmvermögen einer Kombination »geriffelter Lieferzylinder – kunststoffbezogener Druckroller« wird u. a. von der Härte des Druckrollerbelags bestimmt. Das zwischengeführte Fasermaterial drückt sich – wie schon ausgeführt (vgl. Abschnitte 2 und

6.1.1) – in den Druckrollerbelag ein, wenn dieser weich und elastisch nachgibt. Dabei kann dann damit gerechnet werden, daß auch bei einer relativ großen Fasermasse die Druckrollenaußenkanten den Kontakt mit dem Unterzylinder nicht verlieren, vielmehr hier ein Reibungsschluß besteht, der eine gute Mitnahme des Druckrollers vermittelt.

Anders liegen die Verhältnisse bei einem extrem harten Belag. Ein damit ausgestatteter Druckroller wird in diesem Falle vom Unterzylinder abgehoben und erhält seinen Antrieb ausschließlich durch das zwischenliegende Fasermaterial. Hier könnte also angenommen werden, daß eine weniger gute Mitnahme des Druckrollers erfolgt und dieser in stärkerem Maße die Neigung zeigt, unter der Wirkung der in der Verzugszone auftretenden Zugkräfte gegenüber dem Einzugszylinder vorzueilen bzw. gegenüber dem Lieferzylinder nachzubleiben.

Wenn diese Tendenz bei dem mit *Abb.* 10 gezeigten Kurvenverlauf, der die Vorgänge am Einzugszylinder veranschaulicht, nicht eindeutig gegeben scheint, dann dürften dafür anderweitig überlagerte Einflüsse ausschlaggebend sein. Auch hat zu gelten, daß die Angaben über die Shore-Härte des Belags von der Herstellerfirma übernommen wurde und daß diese für das Material, nicht aber für den aufgezogenen Druckrollerbelag gelten. Hier spielt sicher die Vorspannung, mit welcher der Kunststoffüberzug auf den Körper des Druckrollers aufgezogen wird, eine große Rolle. Bei der Ermittlung der Shore-Härte des Belages auf dem Druckroller zeigten sich jedenfalls etwas andere Meßwerte als sie vom Herstellerwerk für das Material genannt wurden. Wieder gestrichelt sind in Abbildung 10 Verbindungslinien für die Meßwerte eingetragen, die sich für den leer, d. h. ohne an der Klemmstelle geführtes Fasermaterial umlaufenden Druckroller ergaben. Auch hier ist zu erkennen, daß mit einer Erhöhung der Druckrollerbelastung bei gleichbleibender Geschwindigkeit des Unterzylinders ein Drehzahlabfall eintritt. Der weiche Druckrollerbelag zeigt dabei diese Tendenz in verstärktem Maße.

Die Tatsache, daß bei den Untersuchungen »mit Material« die härtere Druckrolle (85 Shore) für die einzelnen Meßpunkte eine geringere Drehzahlabweichung ergab als die Druckrolle mit einer Shore-Härte von 70°, wurde zum Anlaß genommen, Untersuchungen über die Oberflächenbeschaffenheit des Druckrollermaterials anzustellen. Hierzu fand ein statisches Zugprüfgerät Verwendung. Der Druckroller wurde auf die Meßeinrichtung aufgesetzt und ein Spindelband darübergelegt, von dem die freien Enden einmal mit der Abzugsklemme des Geräts, außerdem mit einem Vorbelastungsgewicht verbunden waren. Während der Prüfung hat die Abzugsklemme die Aufgabe, das Spindelband über den Druckrollerbelag hinwegzuziehen. Die elektrische Meßeinrichtung ermittelte die auftretenden Zugkräfte. Die gewählte Vorspannung (100 p) wird dabei zusätzlich zur Reibkraft wirksam, die überwunden werden muß, wenn das Spindelband über den Druckroller hinweggleiten soll.

Abb. 11 bringt Originaldiagramme, die vom Tintenschreiber des Statigraph aufgezeichnet worden sind. Hieraus ist zu erkennen, daß in Übereinstimmung mit der aus Abbildung 10 ersichtlichen Tendenz der Druckrollerbelag B (70° Sh) wesentlich größere Reibkräfte vermittelt als der Druckrollerbelag A (85° Sh). Auf das Klemmvermögen nehmen zweifellos die Reibeigenschaften des Druckrollerbelags einen maßgeblichen Einfluß, und es ist schon hiermit zu erklären, daß sich bei den ausgezogenen Kurven der Abbildung 10 nicht eindeutig die Tendenzen aufzeigen, die hinsichtlich der Auswirkung der Druckrollerhärte zu erwarten waren.

6.1.3 Größe des Getriebeverzuges

Wird ein Faserband (Vorgarn) zwischen 2 mit unterschiedlicher Geschwindigkeit umlaufenden Walzenpaaren geführt, dann bilden sich – abhängig von der Größe der Geschwindigkeitsdifferenz – unterschiedlich hohe Zugkräfte aus. Läuft die Lieferwalze nur wenig schneller als die Einzugswalze, dann wird die durch den Getriebeverzug vorgegebene Längenzunahme durch Ausziehen der Faserkräuselung und Verminderung der dadurch bedingten Faserbauschung, außerdem zusätzlich durch Dehnung der im Faserquerschnitt vereinigten Fasern ausgeglichen. Es kommt also zu einem Anspannvorgang, wobei das Gefüge des Faserverbandes zunächst aufrechterhalten bleibt.

Wie bei einer im statischen Zugversuch durchgeführten Haft-Gleit-Prüfung werden mit vergrößerter Dehnung, d. h. in diesem Falle mit vergrößertem Getriebeverzug, die Anspannkräfte zunächst anwachsen, bis sie einen Größenwert erreichen, der zum Verschieben der Fasern bzw. einzelner Faserpakete gegeneinander, d. h. zum Verziehen bzw. Auflösen, führt. Die auftretenden Zugkräfte gehen zurück und erreichen relativ kleine Werte, wenn ein großer Verzug eingestellt und an der Klemmstelle des Einzugszylinders wesentlich mehr Fasermaterial geführt wird als an der Klemmstelle des Lieferzylinders.

Hiernach ist anzunehmen, daß an das Klemmvermögen von Walzen- bzw. Zylinderpaaren die höchsten Anforderungen gestellt werden, wenn »kritische« Verzüge zur Anwendung kommen und in der Verzugszone Zugkräfte wirken, die für das betreffende Fasermaterial in der Größenordnung der Haftkraft liegen.

In diesem Zusammenhang bleibt darauf hinzuweisen, daß, um den Verzug einzuleiten, auch bei hohen Getriebeverzügen zunächst die Maximalkraft (Haftkraft) überwunden werden muß. Ist das Klemmvermögen hierfür zu gering, dann besteht die Gefahr, daß – zumindest zeitweilig – der Verzug aussetzt, und das Faserband die Verzugszone im angespannten Zustand durchläuft.

Abb. 12 bringt hierfür eine verständliche und anschauliche Bestätigung. Der Getriebeverzug wurde in Stufen von 1,05 bis 1,85 % erhöht und Meßwerte für eine unterschiedlich hoch gewählte Einzugszylinderbelastung aufgenommen. Die Druckrollerbelastung am Lieferzylinder betrug hierbei konstant 8 kp. Ermittelt wurde wieder die Druckrollergeschwindigkeit am Einzugszylinder. Dem Zug des Faserbändchens folgend, erreicht diese bei etwa 1,14fachem Getriebeverzug die höchsten Werte, wobei in Übereinstimmung mit Abbildung 7 das Voreilen gegenüber dem Unterzylinder bei einer Druckrollerbelastung von 2 kp das größte Ausmaß erreicht.

Verzugsvorgänge und der Wechsel zwischen Anspann- und Verzugsvorgängen vollziehen sich im allgemeinen nicht gleichförmig. Abhängig von den Eigenschaften des Faserbändchens (Querschnittsschwankungen, unterschiedliche Faserschichtung u. a.) ist vielmehr damit zu rechnen, daß über kleinere und auch größere Längen gesehen Materialabschnitte zulaufen, die ungleiche Verzugswiderstände aufweisen und deshalb zu Verzugskraftänderungen führen.

Das wird zweifellos zur Folge haben, daß auch das Voreilen bzw. Nachbleiben der Druckroller gegenüber den Unterzylindern nicht in immer gleicher Weise erfolgt, vielmehr mehr oder weniger große Schwankungen auftreten. Um diese zu ermitteln, wurde der in Abschnitt 4.4 näher beschriebene fotoelektrische inkrementale Drehzahlgeber eingesetzt. Hiermit aufgenommene Oszillogramme zeigen den aus *Abb. 13* ersichtlichen Verlauf. Ausgewählt wurden hierbei Aufnahmen, welche zur Bestimmung des Verhaltens des auf den Einzugszylinder aufgesetzten Druckrollers dienten. Der Getriebeverzug war auf 1,14fach eingestellt. Die Druckrollerbelastung am Lieferzylinder betrug konstant 8 kp, während die Druckrollerbelastung am Einzugszylinder einmal auf 8 und einmal auf 14 kp eingestellt war.

Wenn bei 8 kp große Geschwindigkeitsänderungen, bei 14 kp dagegen relativ kleine zu verzeichnen waren, dann wird dies darauf zurückgeführt, daß sich bei gleicher Druckrollerbelastung am Einzugs- und am Lieferzylinder in der Verzugszone auftretende Zugkraftschwankungen in einem besonders starken Maße auf die Druckrollerbewegung auswirken. Wird die Druckrollerbelastung am Einzugszylinder auf 14 kp vergrößert, dann tritt eine Beruhigung ein, und der Druckroller zeigt einen gleichförmigeren Umlauf, wobei allerdings anzunehmen ist, daß sich nunmehr an dem in diesem Falle nicht mit einem fotoelektrischen Drehgeber überwachten Druckroller auf dem Lieferzylinder größere Schwankungen einstellen.

Bei weiteren Versuchen wurden – wie die Veränderungen der mittleren Druckrollergeschwindigkeit in Abhängigkeit von Getriebeverzug und Belastung (vgl. Abb. 12) – auch die Größe der Schwankungsspiele bestimmt und ausgewertet. *Abb. 14* zeigt in Ergänzung zu Abb. 12 die sich für den Variationskoeffizienten ergebenden Veränderungen.

Wenn zunächst angenommen werden könnte, daß bei einer sehr kleinen Druckrollerbelastung am Einzugszylinder von nur 2 kp die größten, bei der größten Druckrollerbelastung von 14 kp dagegen die kleinsten Schwankungen der Druckrollerbewegung auftreten, dann wird das durch das Diagrammblatt nicht bestätigt. Vielmehr zeigt sich, daß die größten Schwankungsspiele (größter Variationskoeffizient) für den Druckroller am Einzugszylinder dann gegeben sind, wenn die Druckrollerbelastung mit 8 kp, d. h. in gleicher Größe wie die Druckrollerbelastung am Lieferzylinder gewählt wird. Eine Erklärung ist darin zu suchen, daß nicht nur abhängig von der Höhe des Getriebeverzuges, sondern auch abhängig von der Größe der in der Verzugszone wirksamen Zugkräfte sehr unterschiedliche Voraussetzungen für den Ablauf der Verzugsvorgänge gegeben sind.

6.1.4 Streckfeldweite

Wie bei der Durchführung von Haft-Gleit-Prüfungen mit statischen Zugprüfgeräten die eingestellte Prüfstreckenlänge auf die Größe der sich ausbildenden Zugkräfte (Haftkräfte) Einfluß nimmt, so hat auch für die Verzugszone eines Klemmstreckwerkes zu gelten, daß die wirksamen Anspann- und Verzugskräfte sich weitgehend mit der Streckfeldweite verändern. Bei einer Stapellänge, die über der Streckfeldweite liegt, ist nicht zu erwarten, daß sich bei genügend hohen Getriebeverzügen ein ordnungsgemäßer Verzug ausbilden wird. Die maximal in der Streckzone auftretenden Kräfte können hier erhebliche Größenwerte erreichen. Wird dagegen ein großer Abstand zwischen den beiden Klemmpunkten gewählt, dann besteht die Gefahr, daß es zu Verzugsstörungen bzw. zu Fehlverzügen, d. h. zum gegenseitigen Verschieben von Faserpaketen kommt, was zwangsläufig zu Gleichförmigkeitsschwankungen des am Lieferwalzenpaar austretenden Faserbändchens führt.

Die Ergebnisse von meßtechnischen Untersuchungen, mit denen der Einfluß der Streckfeldweite aufzuzeigen war, werden mit den *Abb. 15, 16 und 17* dargestellt. Der Getriebeverzug ist hierbei in Stufen von 1,05 auf 1,14, 1,32 und 1,5 verändert worden. *Abb. 15* gilt für Druckrollerbewegungen am Einzugszylinder.

Die gestrichelte Linie gibt wieder die Solldrehzahl des Druckrollers an, d. h. die Umlaufgeschwindigkeit, die sich ohne zwischenliegendes Fasermaterial einstellt. Abhängig von der Größe der Druckrollerbelastung ist aus den ausgezogenen Linien zu erkennen, wie mit zunehmender Belastung der Druckroller die »Sollgeschwindigkeit« annimmt.

In stärkerem Maße wird der Einfluß der Streckfeldweite bei Anwenden eines 1,32fachen Getriebeverzuges erkennbar. Zu beachten bleibt, daß das Material auch am Lieferzylinder nicht schlupffrei geführt wird. Hierauf sind Beobachtungen zurückzuführen, wonach sich die erwartete Tendenz bezüglich der Druckrollerbewegung am Einzugszylinder nicht immer eindeutig aufzeigt.

Ergänzend wird hierzu mit *Abb. 16* dargestellt, wie sich der Druckroller am Lieferzylinder verhält. Gestrichelt ist wieder die »Sollgeschwindigkeit« aufgetragen. Bei eingeführtem Fasermaterial besteht hier die Neigung, unter der Auswirkung der auftretenden Zugkräfte gegenüber dem Unterzylinder nachzubleiben. Diese Tendenz tritt stärker in Erscheinung, wenn durch Erhöhen der Druckrollerbelastung am Einzugszylinder die Zugkräfte im Faserbändchen ansteigen. Das kommt recht anschaulich mit den ausgezogenen Kurven zum Ausdruck, wobei in diesem Falle die Abhängigkeit der Vorgänge von der Streckfeldweite besonders stark bei einem Vorverzug von 1,14fach in Erscheinung tritt.

Aus *Abb. 17* geht hervor, wie groß die Geschwindigkeitsabweichung beider Druckrollen von dem durch den Getriebeverzug vorgegebenen Sollwert ist. Berücksichtigt wird hier also die Voreilung der Druckrolle auf dem Einzugszylinder und das Nachbleiben der Druckrolle auf dem Lieferzylinder.

Wird der eingestellte Getriebeverzug voll auf das Fasermaterial ausgeübt, dann müßte eine schlupflose Förderung erfolgen und demzufolge die Umfangsgeschwindigkeit der Druckrolle genau derjenigen des Unterzylinders entsprechen. Das ist praktisch – wie auch zu erwarten – in keinem Falle zu erreichen. Die größten Abweichungen ergeben sich in Übereinstimmung mit den Abb. 12 und 14 bzw. den dazu gemachten Ausführungen für einen Getriebeverzug von 1,14.

Sind die im Faserbändchen auftretenden Verzugskräfte klein, dann werden auch die Druckroller wenig Neigung zeigen, vorzueilen bzw. nachzubleiben. Ein solcher Zustand ist gegeben, wenn bei einem sehr geringen Verzug (1,05fach) das Faserbändchen in der Streckzone nur geringfügig angespannt wird. Kommt es laufend zu Verzugsvorgängen und tritt hierbei eine größere Querschnittsverminderung des abgelieferten Faserbändchens gegenüber dem zugeführten ein (Getriebeverzug 1,5fach), dann sind für eine sichere Mitnahme der Druckroller auch bei relativ geringen Belastungsdrücken ebenfalls günstige Voraussetzungen gegeben. Das ist deutlich aus den für diesen Zustand geltenden Schaulinien in Abb. 17 zu ersehen.

6.2 Eigenschaften des zu verziehenden Fasermaterials

Wie vorstehend schon ausgeführt, wird die Größe der bei Haft-Gleit-Prüfungen zu ermittelnden Anspann-, Haft- und Verzugskräfte und entsprechend die sich in der Verzugszone des Streckwerks ausbildende Zugkraft von den Eigenschaften des zu überprüfenden bzw. zu verziehenden Fasermaterials abhängen. Dieses wird als Band mit praktisch parallel liegenden Fasern oder auch als Vorgarn vorgelegt, wobei eine Verfestigung durch Nitscheln oder durch eine echte Drahtgabe erreicht wird. Die Art des Faserbändchens bzw. Vorgarns wird sich ebenfalls auf dessen Verhalten beim Anspannen und Verziehen auswirken. Bei einem gedrehten Vorgarn ist dabei eine starke Beeinflussung der Haft-Gleit-Eigenschaften dadurch möglich, daß die Drahtgabe verändert wird.

Natürlich spielt auch die Materialmasse, d. h. die Nummer des vorliegenden Faserbandes oder Vorgarnes eine Rolle. Hier ist etwa mit linearen Zusammenhängen zu rechnen, d. h. eine Verdoppelung der Fasermenge im Faserband- bzw. Vorgarnquerschnitt, wird, wenn nicht gleichzeitig auch andere Parameter verändert werden, einen etwa gleich großen Kraftanstieg zur Folge haben.

6.2.1 Fasermenge

Um einschlägige Untersuchungen mit dem gleichen Streckwerkssystem und unter gut vergleichbaren Voraussetzungen durchführen zu können, wurden die Auswirkungen einer unterschiedlichen Fasermasse im Streckwerk auf die Druckrollerbewegung in der Weise studiert, daß am Hinterzylinder wahlweise 1, 2 oder 3 gleiche Vorgarne zur Vorlage kamen. Die Art der Zuführung sorgte dabei dafür, daß die einzelnen Vorgarne einen gewünschten Abstand voneinander hatten (vgl. Abschnitt 6.1.1). Sofern sich das Fasermaterial nicht stark in die Druckrollenoberfläche eindrücken konnte, war damit zu erreichen, daß die Druckrolle vom Unterzylinder abgehoben wurde.

Die Ergebnisse der durchgeführten Untersuchungen werden mit den *Abb. 18, 19 und 20* behandelt. Abb. 18 gilt für die Vorgänge am Hinterzylinder und zeigt den Einfluß der Druckrollerbelastung auf die Druckrollerumlaufgeschwindigkeit. Gestrichelt ist hierbei wieder eine Linie eingetragen, die erkennen läßt, wie sich der Druckroller verhält, wenn sich an der Klemmstelle kein Fasermaterial befindet. Die ausgezogenen Kurven gelten für unterschiedlich große eingebrachte Fasermengen, in diesem Falle für die Zuführung von 1, 2 oder 3 Vorgarnen.

Aus der Darstellung ist ersichtlich, daß es auch bei relativ geringen Einzugszylinderbelastungen wenig Schwierigkeiten macht, ein einzelnes Vorgarn mit relativ kleinen Druckrollerbelastungen sicher abzuklemmen. Mit Vergrößerung der Vorlage, in diesem Falle der Anzahl der zugeführten Vorgarne, verschlechtern sich die Voraussetzungen für eine sichere Faserführung an der Klemmstelle, und der in diesem Falle von den im Streckwerk auftretenden Verzugskräften mitgezogene Druckroller nimmt eine höhere Geschwindigkeit an, als sie der Umfangsgeschwindigkeit des Unterzylinders entspricht.

Abb. 19 zeigt das Verhalten des Druckrollers am Lieferzylinder abhängig von der Einzugszylinderbelastung und der Materialvorlage. Festzustellen ist hier, daß auch beim Einführen von 2 Vorgarnen der Druckroller noch genügend Kontakt mit dem Unterzylinder behält und in seiner Drehzahl nur wenig von der durch den angetriebenen Unterzylinder vorgeschriebenen Umfangsgeschwindigkeit abweicht.

Andere Verhältnisse sind für die durch die Zuführung von 3 Vorgarnen vermittelte größere Fasermenge an der Klemmstelle gegeben. Hier ist eine sichere Mitnahme des Fasermaterials nicht mehr gewährleistet und der Druckroller bleibt gegenüber der Umfangsgeschwindigkeit des Unterzylinders stärker zurück. Auch in diesem Falle ist mit einem »kritischen« Getriebeverzug von 1,14fach gearbeitet worden. Tritt am Lieferzylinder oder am Einzugszylinder bzw. an beiden Zylindern ein Schlupf auf, der sich durch ein Voreilen bzw. Nacheilen der Druckroller aufzeigt, dann wird sich der effektiv auf das Faserbändchen (Vorgarn) ausgeübte Verzug entsprechend verringern.

Die Abb. 20, welche die Differenz der Druckrollergeschwindigkeit in Abhängigkeit von Einzugszylinderbelastung und Materialvorlage angibt, läßt erkennen, daß bei einer Einzugszylinderbelastung von mehr als 6 kp der Faserschlupf auf ein erträgliches Maß beschränkt bleibt, wenn 1 oder 2 Vorgarne zugeführt werden. Gleiche Druckrollerbelastungen für den Hinterzylinder und wieder 8 kp für den Vorderzylinder ergeben dagegen bei Zuführung von 3 Vorgarnen keine befriedigenden Voraussetzungen für einen ordnungsgemäßen Ablauf des Verzugsvorganges.

6.2.2 Haft-Gleit-Eigenschaften

Die Auswirkungen der Haft-Gleit-Eigenschaften auf die Vorgänge in der Streckzone wurden durch Vorlegen von miteinander vergleichbaren Vorgarnen aus verschiedenen Fasermaterialien (Zellwolle, Polyester, Polyamid) untersucht. Dabei kamen die gleiche Streckwerkseinstellung (1,14facher Getriebeverzug, 70 mm Vorfeldweite) und auch die gleichen Druckrollerbelastungen wie bei den vorbeschriebenen Untersuchungen zur Anwendung. Zunächst sind durch statische Zugversuche mit einem nach dem Prinzip der konstanten Verformungsgeschwindigkeit arbeitenden und mit einer elektronischen Kraftmeßeinrichtung ausgestatteten Zugprüfgerät Haft-Gleit-Diagramme aufgenommen worden. *Abb. 21* bringt die aus einer größeren Anzahl von Einzelversuchen gemittelten Haft-Gleit-Linien, welche den Verlauf der Zugkräfte in Abhängigkeit von der während der Prüfung stetig zunehmenden Längenänderung erkennen lassen. Der obere Umkehrpunkt gibt ein Maß für die Haftkraft, d. h. der Zugkraft, die erforderlich ist, um den Faserverband vom Zustand der Anspannung in den Zustand des Verzugs zu überführen. Die größte zur Auflösung des Faserverbandes erforderliche Haftkraft erfordert danach das Vorgarn aus

Polyamidfasern, die geringste das Zellwollvorgarn. Die größte Haftdehnung, d. h. die Längenänderung, die dem Umkehrpunkt der Kurve zuzuordnen ist, weist nach den getroffenen Feststellungen das Vorgarn aus Polyesterfasern auf.

In gleicher Weise wie bei den vorbehandelten Prüfungen zeigt *Abb. 22* die Zusammenhänge zwischen der Geschwindigkeit des auf den Einzugszylinder aufgedrückten Druckrollers und der angewandten Druckrollerbelastung. Wenn die Kurve für das Polyestermaterial bei kleinen Druckrollerbelastungen die anderen Kurven unterschneidet, dann wird das auf die hier größere Haftdehnung zurückgeführt (vgl. hierzu Abb. 21), die auf eine größere Bauschigkeit und eine stärkere Faserkräuselung zurückzuführen sein dürfte. *Abb. 23* bringt ergänzend zu Abb. 22 die Ergebnisse der Überprüfung der Drehbewegungen des Druckrollers auf dem Lieferzylinder. Die einen Hinweis auf die Größe des »effektiv« ausgeübten Verzugs vermittelnde Differenz der Druckrollengeschwindigkeit wird mit *Abb. 24* aufgezeigt. Wie nach dem Verlauf der Haft-Gleit-Linien zu erwarten war, ist danach das Zellwollmaterial am leichtesten »abzuklemmen«, während sich für das Polyamid die für einen gesicherten Ablauf der Verzugsvorgänge ungünstigsten Voraussetzungen ergeben.

6.2.3 Vorgarndrehung

Durch die Drahtgabe auf dem Flyer wird das zur Vorlage auf der Feinspinnmaschine bestimmte Faserbändchen gefestigt. Geringere Drehungen werden dabei eine kleinere Zunahme der maximal erreichbaren Haftkraft bringen als sie ein hochgedrehtes Vorgarn aufweist.

Ein solch unterschiedliches Verhalten wird auch auf die Anspann- und Verzugsvorgänge in der Streckzone Einfluß nehmen und sich entsprechend auf die Neigung der Druckroller auswirken, gegenüber den Unterzylindern vorzueilen oder nachzubleiben.

Um in relativ einfacher Weise gewünschte Aussagen zu erhalten, wurde die in Abschnitt 4.5 beschriebene Drehvorrichtung für Vorgarnspulen verwendet. Damit war es möglich, die Vorgarndrehung für das vorgelegte Zellwollgarn 500 tex 26,3 Drehungen/m in einem Bereich von 0 bis 26 Drehungen/m zu erhöhen.

Abb. 25 zeigt die Zusammenhänge Druckrollergeschwindigkeit am Einzugszylinder : Vorgarndrehung/m. Die Druckrollerbelastung am Lieferzylinder wurde auf 8 kp eingestellt und die Belastung am Einzugszylinder zwischen 2 bis 14 kp verändert. Es zeigt sich das erwartete Verhalten, wonach sich die Druckrollergeschwindigkeit am Hinterzylinder mit zunehmender Vorgarndrehung erhöht. *Abb. 26* gilt für die Vorgänge am Lieferzylinder, und *Abb. 27* zeigt mit der Darstellung der Differenz der Druckrollergeschwindigkeit schließlich, welchen Einfluß die Vorgarndrehung auf die Druckrollerbewegung und damit auf das Geschehen in der Streckzone nimmt.

7. Zusammenfassung

Streckwerke haben die Aufgabe, in Form von Faserbändern oder Vorgarnen vorgelegtes Fasermaterial zu verziehen. Sie bedienen sich hierzu mit unterschiedlicher Geschwindigkeit umlaufender Walzenpaare, wobei die Höhe des eingestellten Getriebeverzuges für die erzielte Verfeinerung maßgebend ist.

Bei einer Materialführung zwischen Unterzylinder und aufgesetztem Druckroller ist unter der Wirkung der in der Verzugszone im Material wirksamen Anspann- und Verzugskräfte mit Schlupferscheinungen zu rechnen. Diese können zu einem Voreilen der Druckroller (an der Einzugswalze), aber auch zu einem Nachbleiben (am Lieferzylinder) gegenüber der Umlaufgeschwindigkeit des angetriebenen Zylinders führen.

Der Antrieb des leichtgängig gelagerten, durch Gewichts- oder Federbelastung, gegebenenfalls auch durch Druckluft angepreßten Druckrollers, erfolgt direkt durch den im allgemeinen geriffelt ausgeführten Unterzylinder und zusätzlich über das an der Klemmstelle geförderte Faserband (Vorgarn). Unter der Wirkung in der Verzugszone auftretender Zugkräfte werden bei gleichbleibender Umlaufgeschwindigkeit des Unterzylinders Schlupferscheinungen des Faserbandes vor allem dann zu einer Beeinflussung der Drehzahl des Druckrollers führen, wenn dieser durch das zwischenliegende Faserband den Kontakt mit dem Unterzylinder verliert.

Der vorliegende Bericht behandelt das Ergebnis von Untersuchungen über die Abweichungen der Druckrollerdrehzahl vom vorgegebenen Sollwert und damit des effektiven Verzugs vom vorgegebenen Getriebeverzug bei unterschiedlichen Voraussetzungen. Die verwendete Versuchseinrichtung wird beschrieben.

Eine Erhöhung der Druckrollerbelastung bringt eine größere Sicherheit für den schlupflosen Materialtransport.

Neben der Druckrollerhärte nimmt die Druckrolleroberflächenbeschaffenheit Einfluß auf die Vorgänge.

Kritisch sind wegen der hierbei wirksam werdenden hohen Haft- und Verzugskräfte Getriebeverzüge in einer Größenordnung von 1,1 bis 1,2fach. Zusätzlich wirken sich hierbei die Haft-Gleit-Eigenschaften des verarbeiteten Fasermaterials aus.

Mit Vergrößerung der Streckfeldweite vermindern sich die Schwierigkeiten für die Mitnahme der Druckroller, andererseits ergibt sich die Gefahr von ungleichen Verzugsvorgängen.

Kleinere Fasermengen lassen sich sicherer klemmen als große und vermindern die Neigung der Druckroller gegenüber dem Unterzylinder Eigenbewegungen durchzuführen. In gleicher Weise wirkt sich ein geringes Haftvermögen der Fasern und eine geringe Vorgarndrehung günstig aus.

8. Danksagungen

Die Durchführung der im Bericht behandelten Untersuchungen wurde ermöglicht durch eine finanzielle Beihilfe, die das Landesamt für Forschung des Landes NRW gewährt hat. Durch Bereitstellung eines Streckwerkes und durch Überlassung von Streckwerksteilen wurden die Arbeiten von den Firmen

SKF Kugellagerfabriken GmbH, Werk Cannstatt, Gruppe Textilmaschinen;
Armstrong Cork International GmbH, Münster,

gefördert.

Benötigte Materialien zur Durchführung der Versuche haben bereitgestellt die Firmen

Glanzstoff AG, Werk Obernburg;
W. Dilthey & Co., Mönchengladbach-Rheindahlen;
Feinspinnerei Wegberg.

Das Institut hat sich für die von diesen Stellen gewährte Unterstützung zu bedanken. Zu danken ist auch den nachgenannten Mitarbeitern und Mitarbeiterinnen des Instituts, die bei den durchgeführten Arbeiten mitgewirkt haben:

Herr Dipl.-Ing. O. BECKER, der es übernommen hatte, die Versuchs- und Meßeinrichtungen zusammenzustellen,

Frl Hannelore SCHNITZLER und Frl. Karin ZIMMERMANNS, welche die Untersuchungen durchgeführt haben und an der Auswertung der Meßergebnisse beteiligt waren.

9. Literaturverzeichnis

AUDIVERT, R., und J. E. VIDIELLA, The effect of speed of drafting, in terms of spindle speed, on skein breaking strength of cotton yarns spun on the double-apron-system.
 Textile Res. J. 32 (1962), Nr. 8, S. 652–657.
BERTRAM, M., Verzugswiderstandsmessungen an Chemiefasern.
 Dt. Textiltechnik 18 (1968), S. 566–570.
BRÖSEL, K., Der Abquetschvorgang aus der Sicht des Maschinenbauers.
 Dt. Textiltechnik 17 (1967), S. 500–505.
FINKELSTEIN, I. I., Die Verwendung der Drehung des Vorgarnes im Streckwerk zur Verdichtung des Produktes.
 Textil-Praxis 20 (1965), S. 995–999.
FOSTER, G. A. R., Manual of Cotton Spinning. Vol. IV, Part I. The principles of roller drafting and the irregularity of drafted materials.
 Manchester: The Textile Institute, 1958, 150 S., 54 Abb.
 Siehe hierzu Referat in Textil-Praxis 13 (1958), Nr. 11, S. 1182.
FRENZEL, W., Die Herstellung feiner Garne – Vergleichende Spinnversuche mit dem Dekordisator- und dem Flyerspinnverfahren.
 Textil-Praxis 16 (1961), S. 1087–1093.
GARDE, A., und H. ROTTMAYR, Dünne Garnstellen als Ursache der Fadenbrüche an der Baumwoll-Ringspinnmaschine.
 Melliand Textilberichte 49 (1968), S. 497–502.
GRISHIN, P. F., Ungleichmäßigkeit und Verzugsverfahren.
 1. Teil – Textil-Praxis 19 (1964), H. 8, S. 787
 2. Teil – Textil-Praxis 21 (1966), S. 247–255
 3. Teil – Textil-Praxis 23 (1968), S. 1–9
GRUONER, S., Beeinflussung der Garngleichmäßigkeit durch Drehungsvariation bei synthetischem Material – Eine Praxis-Ausspinnung.
 Chemiefasern 16 (1967), S. 976–978.
HELLI, J. G., Das Messen des Oberwalzenbelastungsdruckes an Ringspinnmaschinen.
 Textil-Praxis 16 (1961), S. 474–475.
HORVATH, J., und F. TOBISCH, Drahtverhältnisse am Flyer-Vorgarn der Kammgarnspinnerei.
 Melliand Textilberichte 47 (1966), S. 125–130.
SZABÓ, IMRE, Fonodai nyomóhengerek megfogóképességének vizsgálata.
 Magyar Textil Technika 19 (1967), S. 305–311.
Institut für text. Meßtechnik, Untersuchung der Verzugsvorgänge an den Streckwerken verschiedener Spinnereimaschinen.
 4. Bericht: Ermittlung des Einflusses verschiedener Streckwerkseinstellungen und der verwendeten Konstruktionsteile auf die Verzugsvorgänge.
 Forschungsbericht Nr. 918 des Landes NRW, Westd. Verlag Köln und Opladen (1960).
KLEINHANSL, E., Zur Frage der Eignung des Kanalwalzen-Durchzugsverfahrens in der Dreizylinderspinnerei.
 Textil-Praxis 22 (1967), S. 387–393 u. 464–468 und 535–539.

Kirschner, E., Optimale Vorfeldbedingungen an der Ringspinnmaschine bei der Chemiefaserverarbeitung.
Textil-Praxis 14 (1959), S. 122.
Kirschner, E., Einfluß der Oberwalzenbelastung und der Riemchenbeschaffenheit auf die Laufverhältnisse an der Ringspinnmaschine und die Garneigenschaften.
Textil-Praxis 16 (1961), S. 486–474.
Kirschner, E., und E. Forbriger, Zur Frage der Walzenbelastung an Spinnereimaschinen bei der Chemiefaserverarbeitung.
Textil-Praxis 18 (1963), S. 537–547.
Koch, F., Schlupfmessungen an Eingangsdruckwalzen des Streckwerkes der Ringspinnmaschine.
Textil-Praxis 9 (1954), S. 815–818.
König, O., Theoretische und experimentelle Untersuchungen über die Ursachen periodischer Verzugsfehler der Walzenstreckwerke und ihre Auswirkungen auf die dem Verzug unterworfenen Faserbänder.
Dissertation 1957, Techn. Hochschule Stuttgart.
König, O., Ein Meßgerät zur Messung des Oberwalzenbelastungsdruckes.
Textil-Praxis 14 (1959), S. 904–905.
König, O., Neue Erkenntnisse auf dem Gebiet des Faserverzuges. Faserforsch. u. Textiltechn. 10 (1959), Nr. 3, S. 97–104.
Lünenschloss, J., Eine Studie über den Einfluß der Faserfeuchtigkeit auf das Verzugsverhalten und die Garngleichmäßigkeit.
Textil-Praxis 14 (1959), S. 111–118.
Lünenschloss, J., und K. Schnaidt, Die Laufeigenschaften von Kunststoff-Bezügen in Abhängigkeit vom Raumklima und den Eigenschaften der Bezüge.
Melliand Textilberichte 43 (1962), S. 674–680 u. 807–810 u. 1029–1035.
Lünenschloss, J., und J. G. Helli, Einfluß der Zylinderbelastung an der Ringspinnmaschine bei unterschiedlicher Härte des Zylinderbezuges, variierter Vorgarndrehung, Vorgarndoublierung und Verzugshöhe auf den Ausfall der Garne aus verschiedenen Faserstoffen.
Textil-Praxis 19 (1964), S. 903–906 u. 993–1002.
Meyer, W., Grundhaftung und Haftgleitwechsel, ihre Bestimmung und ihr Einfluß auf die Gespinstbildung.
Textil-Praxis 9 (1954), S. 17.
Merchant, V. B., Die Grundlage der Vorgarndrehungen.
J. Textile Inst. (1963), Nr. 2, S. 58–68.
Pestel, K., Maschinentechnische Probleme beim Spinnstreckspulen.
Dt. Textiltechnik 19 (1969), S. 78–81.
Quaas, K., Einfluß der Art und der Einstellung des Streckwerks auf die Verzugs- und Klemmkräfte.
Textil-Praxis 9 (1954), S. 324–329.
Quaas, K., Die Eingangsdruckwalze am Streckwerk der Ringspinnmaschine für Chemiefasern, Baumwolle und Wolle.
Textil-Praxis 9 (1954), S. 808–811.
Rubisch, H., Streckwerke für Ringspinnmaschinen.
Melliand Textilberichte 43 (1962), S. 556.
Schön, R., Technologie und technische Weiterentwicklung des Zweiriemchenstreckwerkes für Baumwoll-Ringspinnmaschinen.
Textil-Praxis 19 (1964), S. 486–491.
Simon, E., Einfluß des Belastungsdruckes bei der Ringspinnmaschine auf die Gleichmäßigkeit der Gespinste.
Melliand Textilberichte 42 (1961), S. 27–29.
Stein, H., Dehnungs-Verzugsprüfungen an Vorgarnen.
Zeitschr. f. d. ges. Textilind. 57 (1955), S. 714.
Stein, H., Prüfeinrichtung zur Ermittlung der Haftgleiteigenschaften von Faserbändchen und Vorgarnen.
Textil-Praxis 10 (1955), S. 133.

STEIN, H., Untersuchung der Verzugsvorgänge an den Streckwerken verschiedener Spinnereimaschinen. 3. Bericht: Theoretische Betrachtungen über den Einfluß schlagender Zylinder und Druckrollen.
Forschungsbericht des Landes Nordrhein-Westfalen Nr. 238 (1956).

STEIN, H., Vergleich des Bandspinnens von Baumwolle u. Chemiefasern (ohne Flyerpassage) mit dem klassischen Baumwollspinnverfahren.
Forschungsbericht des Landes Nordrhein-Westfalen Nr. 1166 (1963).

STEIN, H., und A. ERKENS, Haft-Kraft-Bestimmungen an Faserbändern.
Spinner, Weber, Textilveredlung 83 (1965), S. 591–598.

STEIN, H., Einsatz der Hochfrequenz-Kinematographie zur Erforschung des Spinnvorganges.
Melliand Textilberichte 46 (1965), S. 783–790.

TOBEL, R., Auswirkung der Belastungsverhältnisse im Streckwerk der Ringspinnmaschine.
Zeitschr. f. d. ges. Textilind. 69 (1967), S. 440–442.

VEIT, H., Weiche oder harte Zylinderbezüge.
Spinner, Weber, Textilveredlung 86 (1968), S. 1105–1106.

VIETH, H., und C. BAEKER, Untersuchung des Einflusses von Langfasern auf die Verarbeitung in der Drei- und Vierzylinderspinnerei und auf die Gespinstgüte.
Dt. Textiltechnik 14 (1964), S. 588–593.

WEGENER, W., und H. BECHLENBERG, Die Verzugskraftmessung – ihre Anwendung und Auswertung.
Reyon, Zellwolle und andere Chemiefasern 5 (1955), S. 14, 78 u. 142.

WEGENER, W., und H. BRAUNE, Die Flyerregulierung und ihre Auswirkung auf das Gespinst.
Melliand Textilberichte 36 (1955), S. 982.

WEGENER, W., und H. PEUKER, Einfluß der Flyerregulierung auf die Gleichmäßigkeit des Vor- und des Endgespinstes.
Melliand-Textilberichte 37 (1956), S. 1133.

WEGENER, W., und H. PEUKER, Methoden und Geräte zur Ermittlung von Punkten der Längenvariationskurve CB (L).
Textil-Praxis 12 (1957), S. 980–992 u. 1183–1191.

WEGENER, W., und H. PEUKER, Die Ermittlung von Punkten der CB (L)-Kurve nach dem diskontinuierlichen Summations-Auswerteverfahren.
Melliand Textilberichte 13 (1958), S. 133.

WEGENER, W., Einfluß der höheren Vorgarndrehung geflyerter Lunten auf die Gleichmäßigkeit und die dynamometrischen Eigenschaften des fertigen Garnes.
Forschungsbericht des Landes Nordrhein-Westfalen Nr. 896 (1960).

WEGENER, W., Einfluß der Flyereinstellung auf den Spulenaufbau.
Melliand Textilberichte 41 (1960), S. 1184–1189 und 1317–1322.

WEGENER, W., und H. BECHLENBERG, Neuartige Meßeinrichtungen zur Einleitung der selbsttätigen Materialvergleichmäßigung beim Verstrecken.
Textil-Praxis 22 (1967), S. 699–705.

WEGENER, W., und H. PEUKER, Vergleichende Untersuchungen der Ungleichmäßigkeit von Garnen.
Dt. Textiltechnik 18 (1968), S. 41–46 u. 216–224.

Verfasser nicht genannt, Automatische Verzugsregulierung an Baumwoll- und Kammgarnstrecken.
Intern. Textile-Service – Ausgabe Spinnerei 1/1968, 311 – S. 1.

Verfasser nicht genannt, Auswahl und Pflege von Druckwalzenbezügen 8–73.
Intern. Textile-Service 2/1968, S. 61.

Verfasser nicht genannt, Technologische und technische Weiterentwicklung des Zweiriemchenstreckwerkes für Baumwoll-Ringspinnmaschinen.
Textil-Praxis 19 (1964), S. 486.

Verfasser nicht genannt, Die Vorgänge im Streckwerk der Ringspinnmaschine.
ZL-Bericht Nr. 527 (1944) Zellwoll-Lehrspinnerei-Denkendorf GmbH, Denkendorf.

Verfasser nicht genannt, Einfluß der Art und der Einstellung des Streckwerkes auf die Verzugs- und Klemmkräfte.
Textil-Praxis 9 (1954), S. 324–329.

Anhang

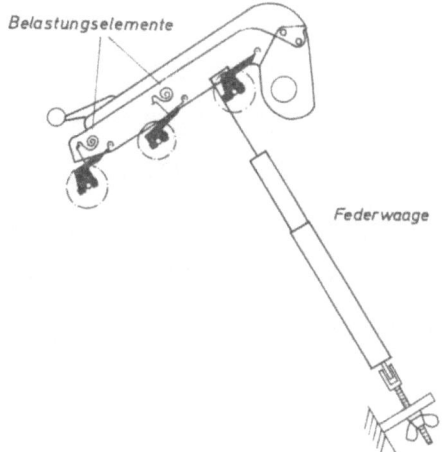

Abb. 1 Pendelträger mit einstellbarer Druckrollerbelastung am Einzugszylinder

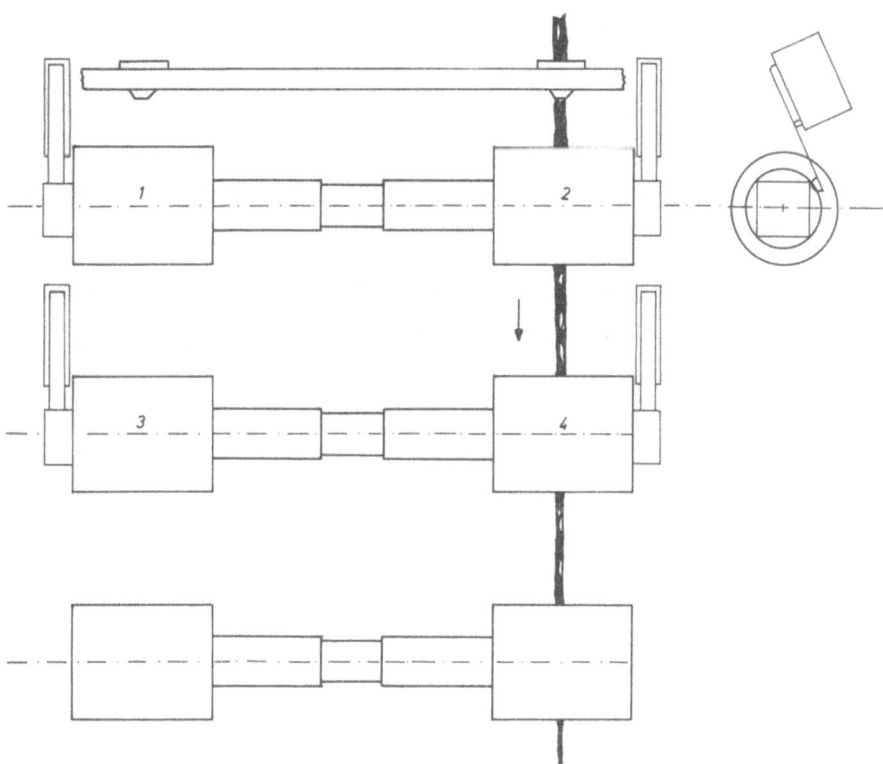

Abb. 2 Druckroller mit Zählschaltern

Abb. 3 Streckwerk mit Zählwerken und Meßwertgeber für fotoelektrische Abtastung

Abb. 4 Inkrementaler Drehgeber zur Ermittlung von Drehzahlschwankungen

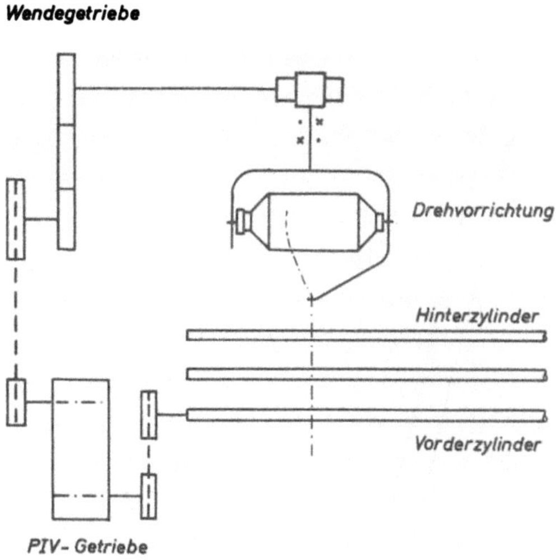

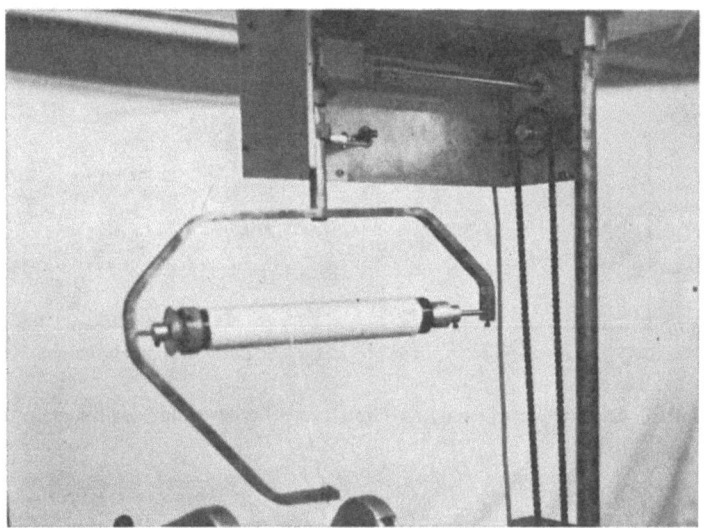

Abb. 5 Vorrichtung zur Veränderung der Vorgarndrehung

Abb. 6 Drehvorrichtung am Spinntester

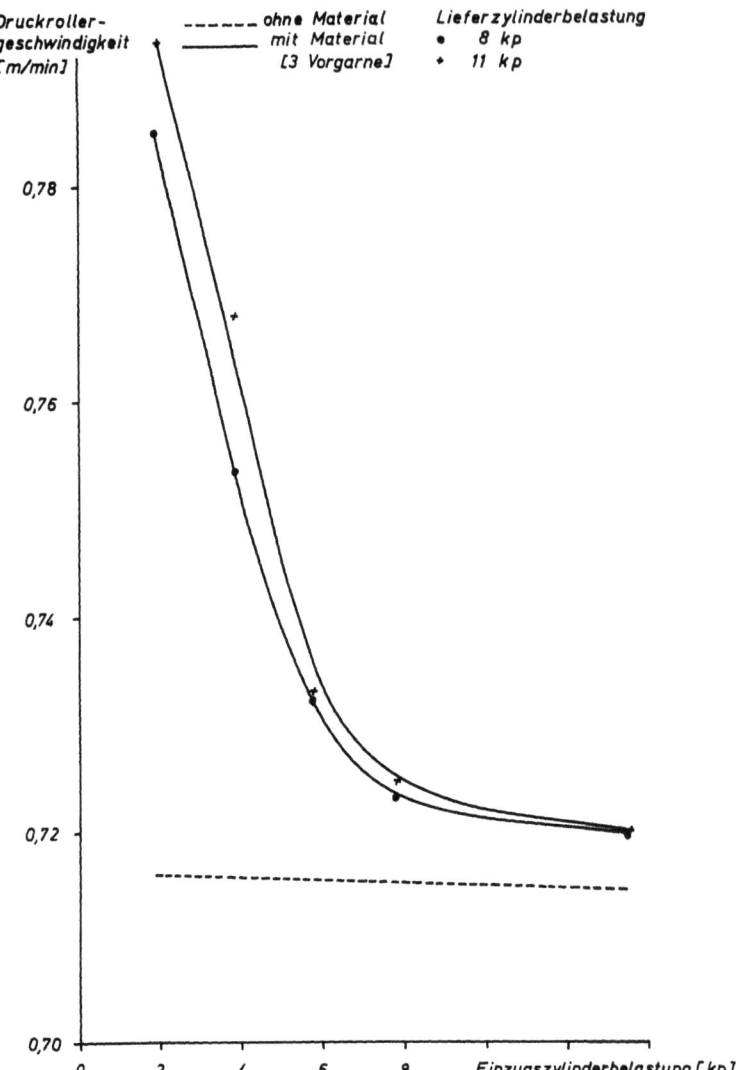

Abb. 7 Einfluß der Druckrollerbelastung auf die Druckrollerbewegung am Einzugszylinder

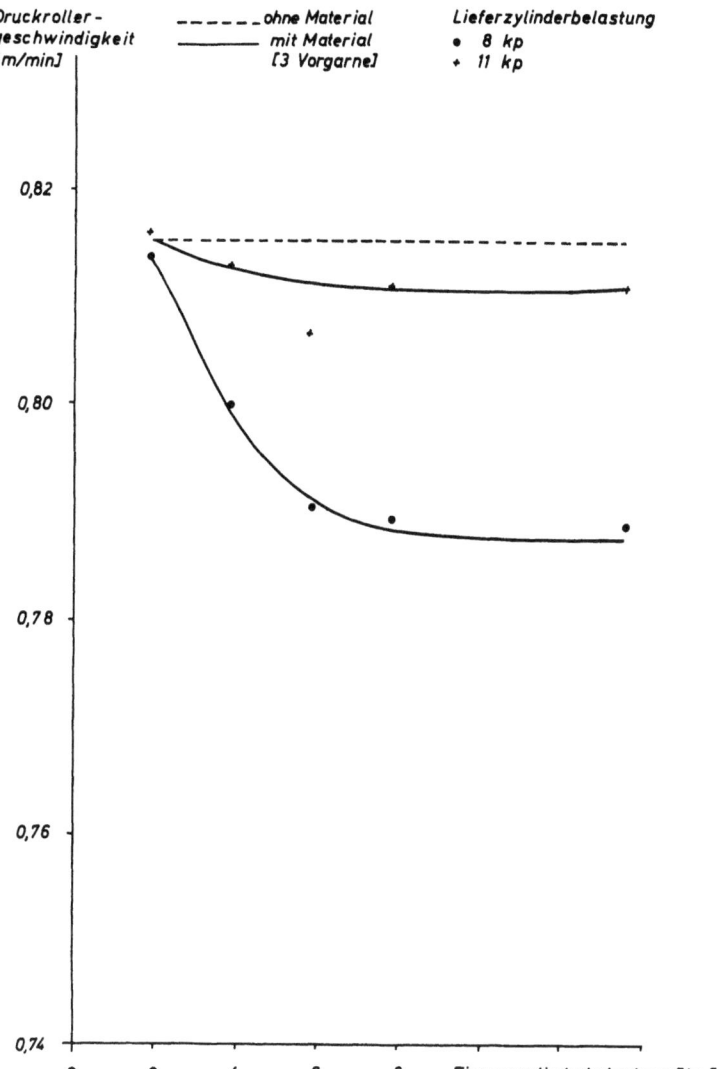

Abb. 8   Einfluß der Druckrollerbelastung auf die Druckrollerbewegung am Lieferzylinder

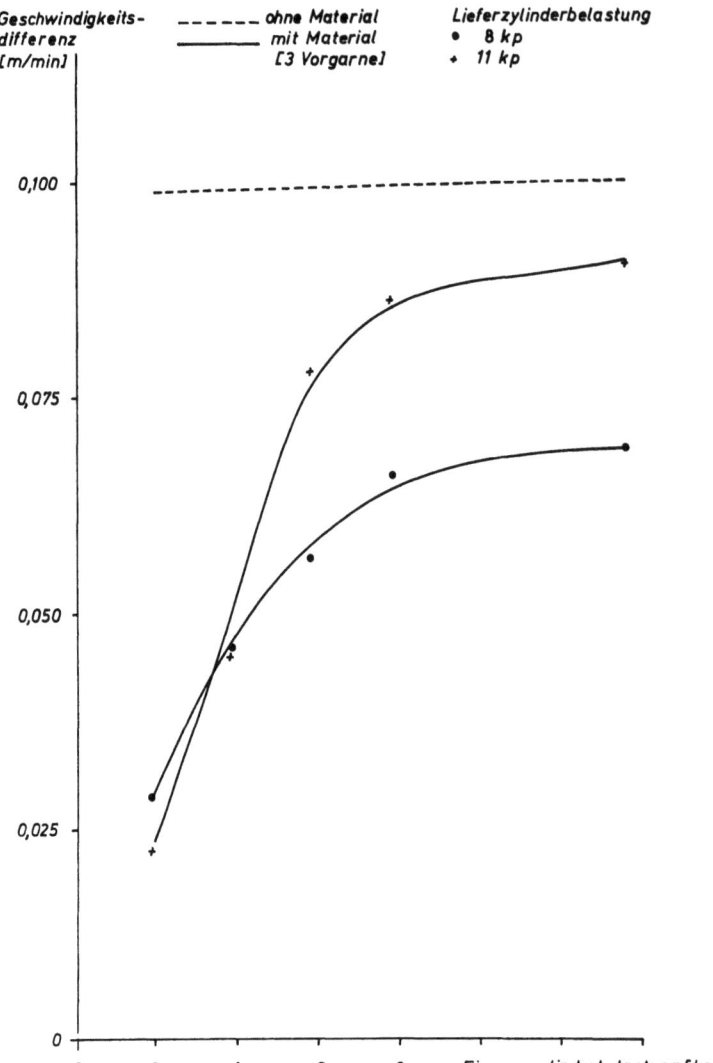

Abb. 9 Differenz der Druckrollergeschwindigkeit zwischen Einzugs- und Lieferzylinder abhängig von der Druckrollerbelastung

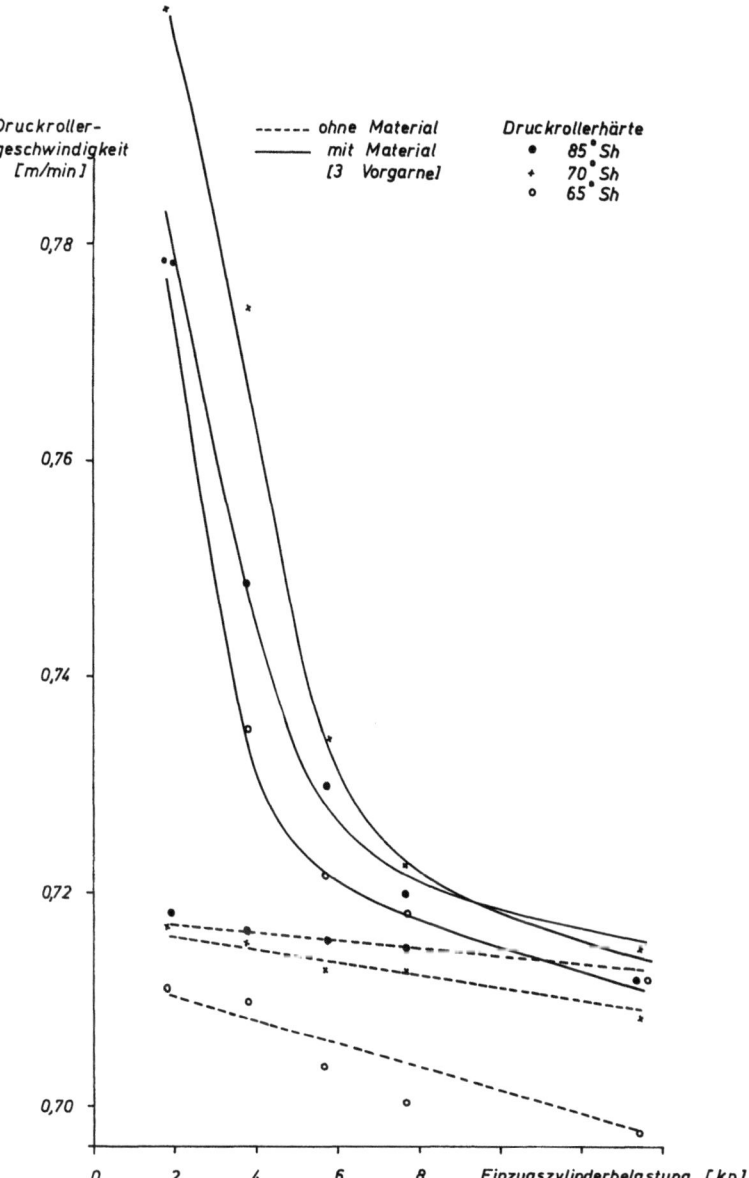

Abb. 10 Einfluß der Druckrollerhärte auf die Druckrollerbewegung am Einzugszylinder

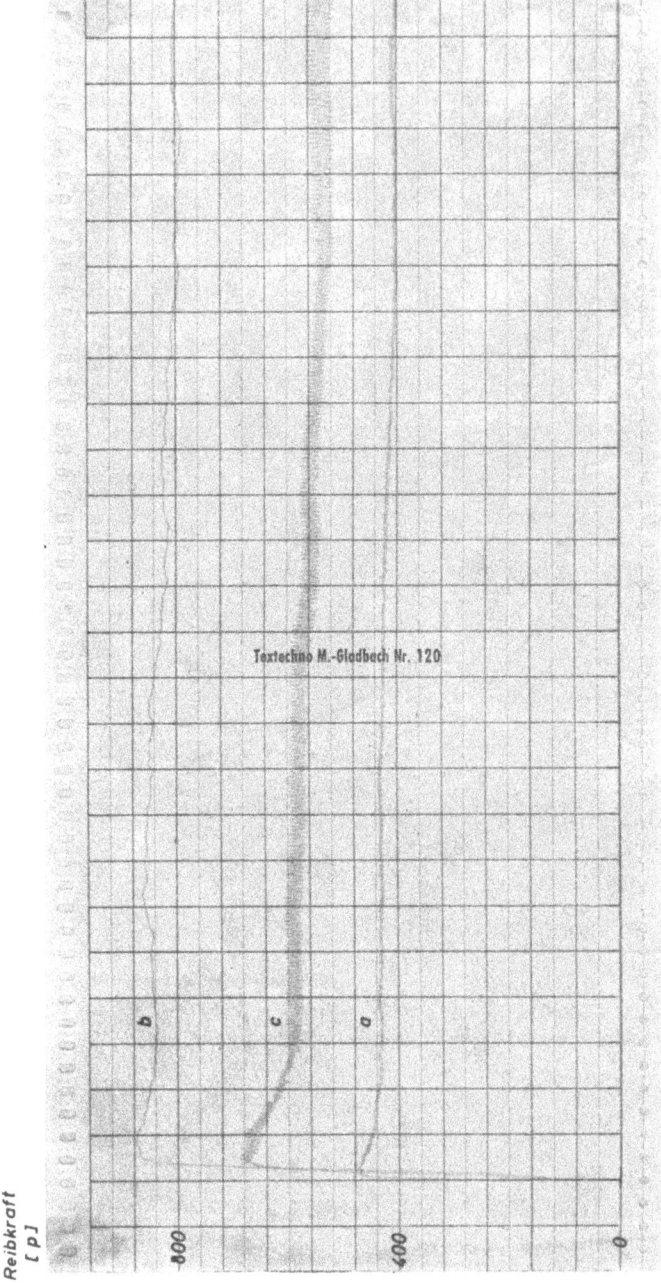

Abb. 11 Reibverhalten der Druckrollerbelage
Druckrollerhärte a 85° Sh
b 70° Sh
c 65° Sh

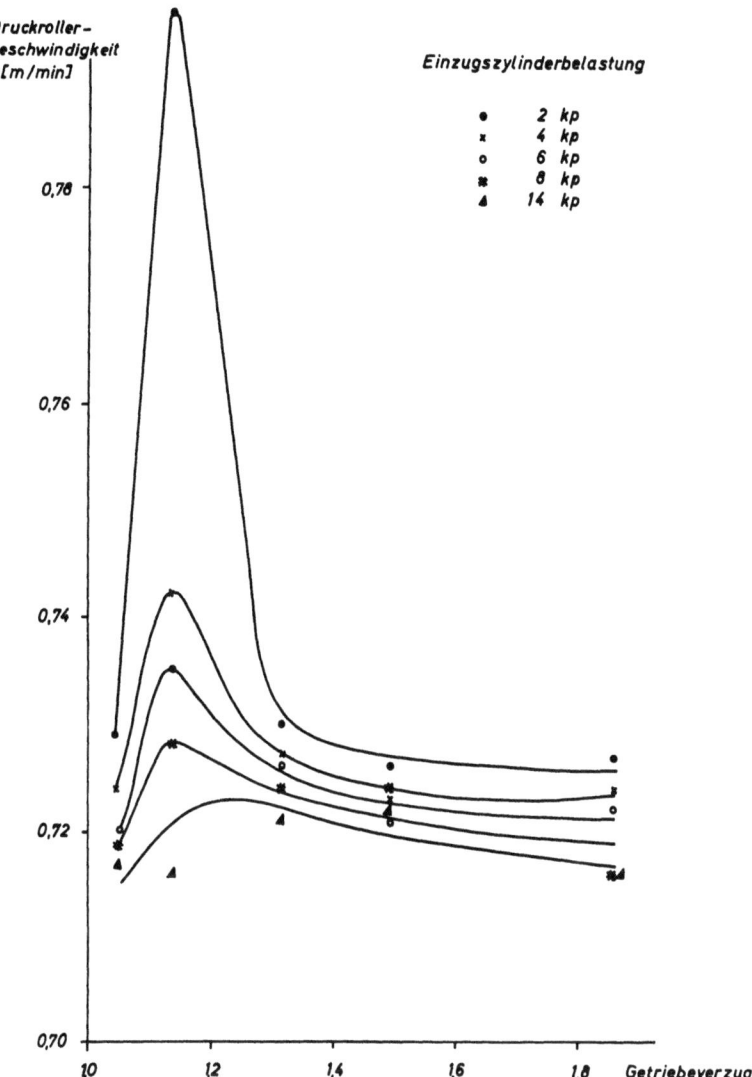

Abb. 12 Einfluß des Getriebeverzugs auf die Druckrollerbewegung am Einzugszylinder

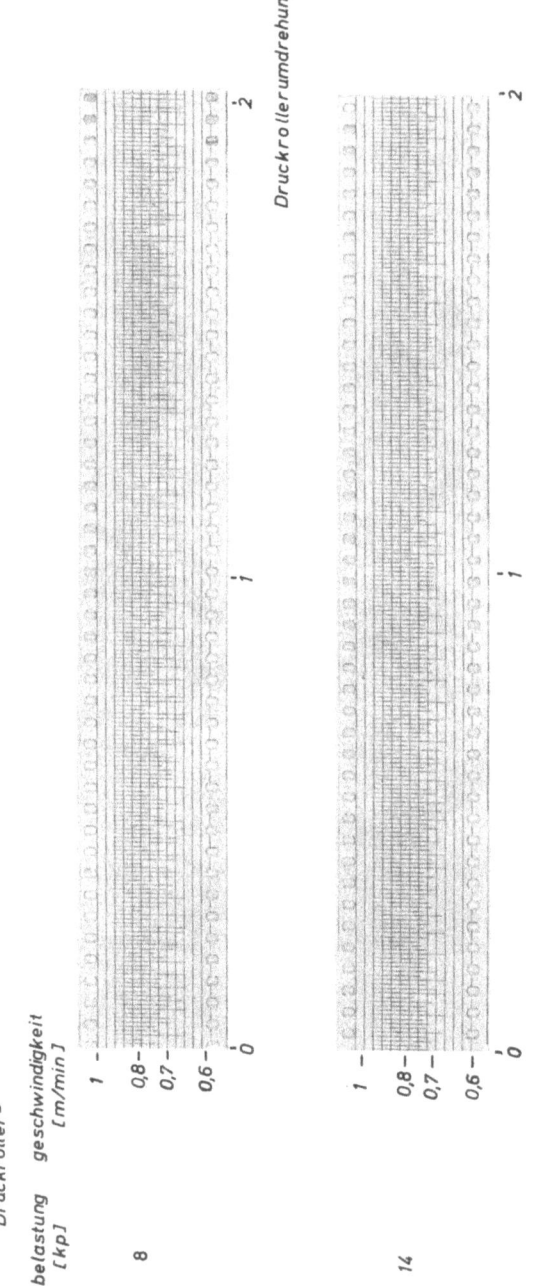

Abb. 13 Änderung der Druckrollergeschwindigkeit mit inkrementalem Drehgeber und Oszillograph bestimmt

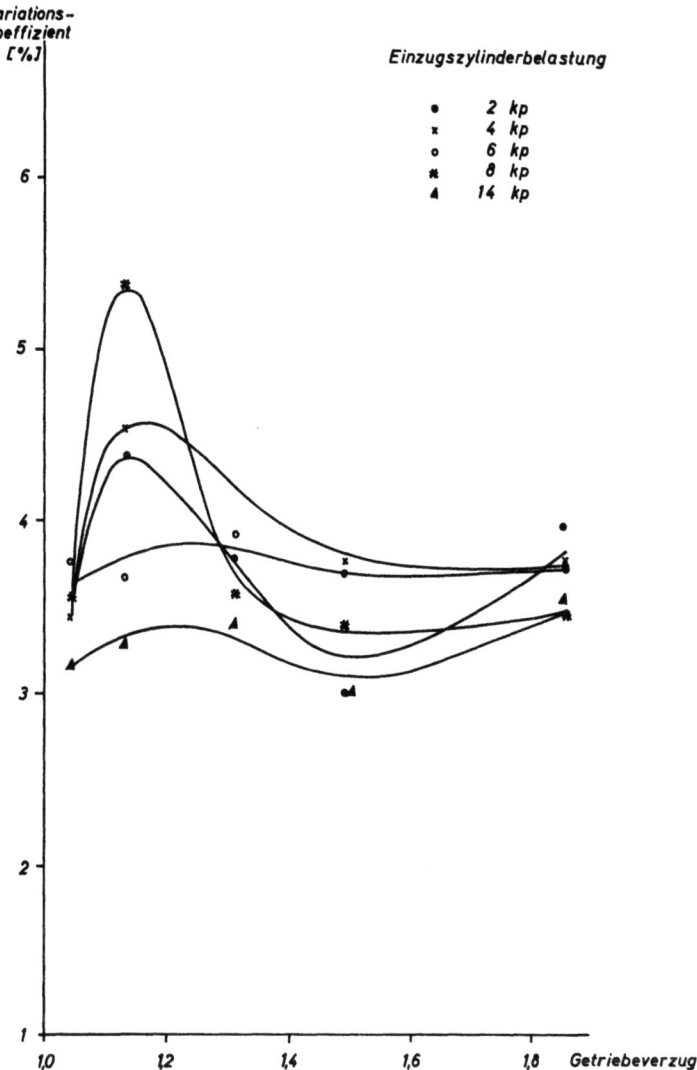

Abb. 14 Variationskoeffizient der Zeit für jeweils 0,8 mm Druckrollerweg

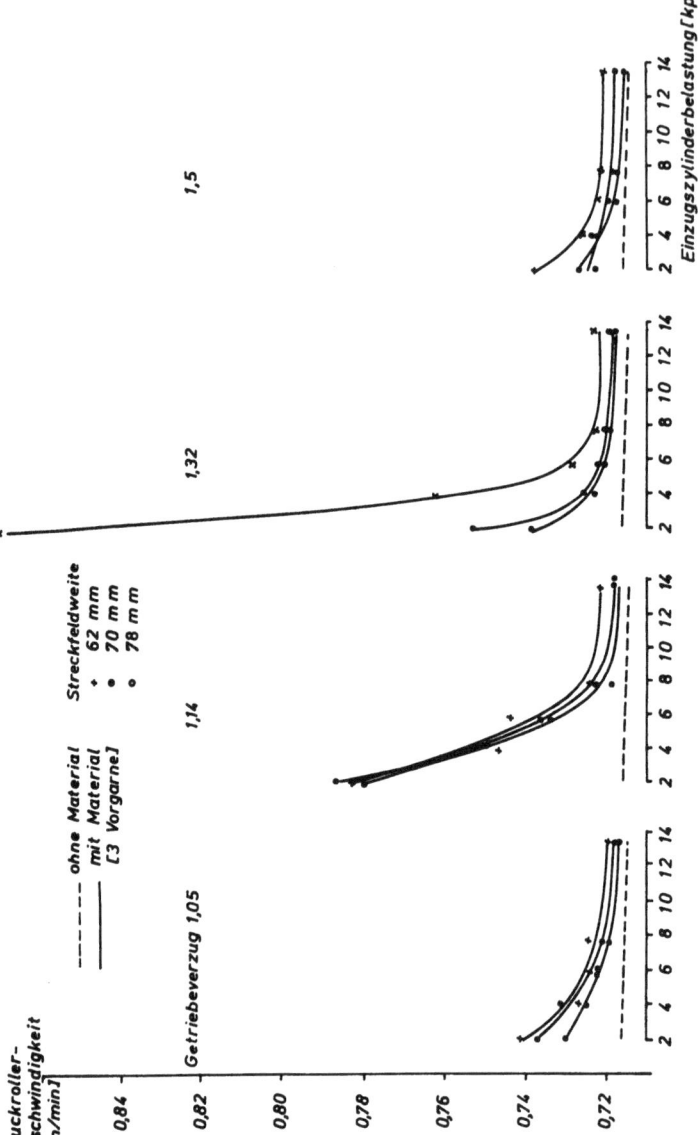

Abb. 15   Einfluß der Streckfeldweite auf die Druckrollerbewegung am Einzugszylinder

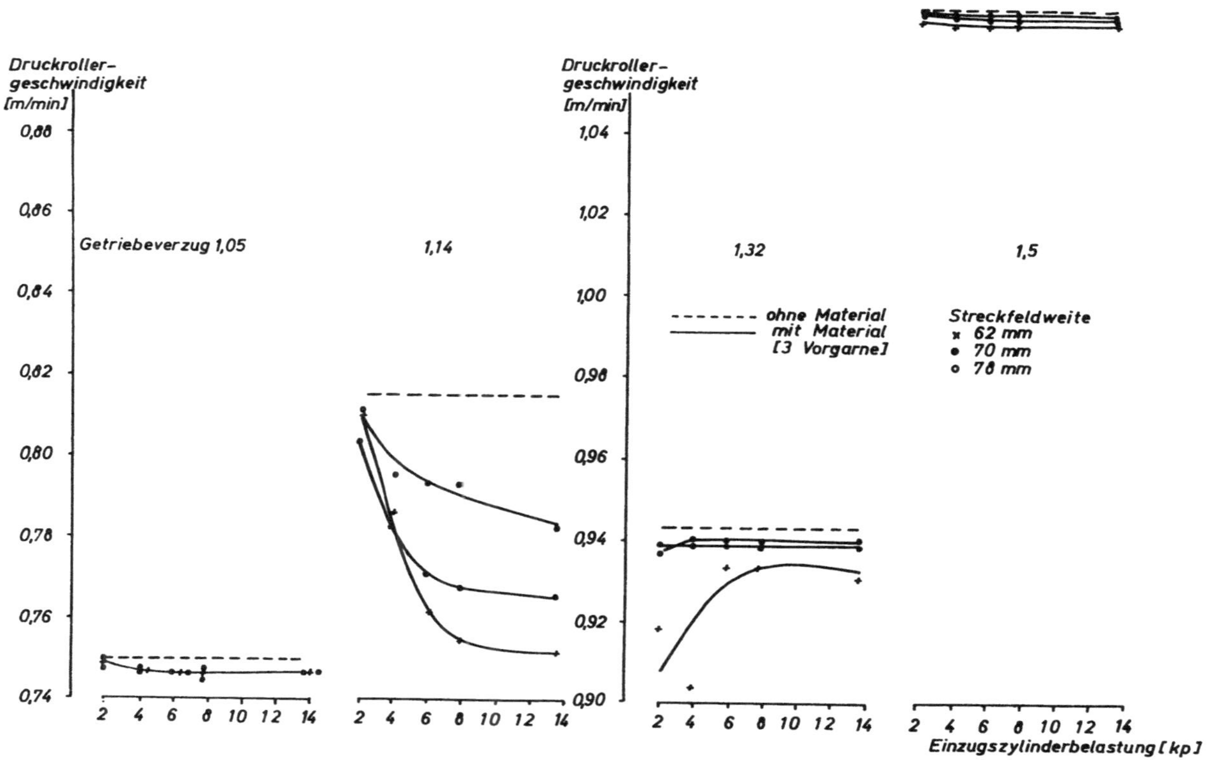

Abb. 16 Einfluß der Streckfeldweite auf die Druckrollerbewegung am Lieferzylinder

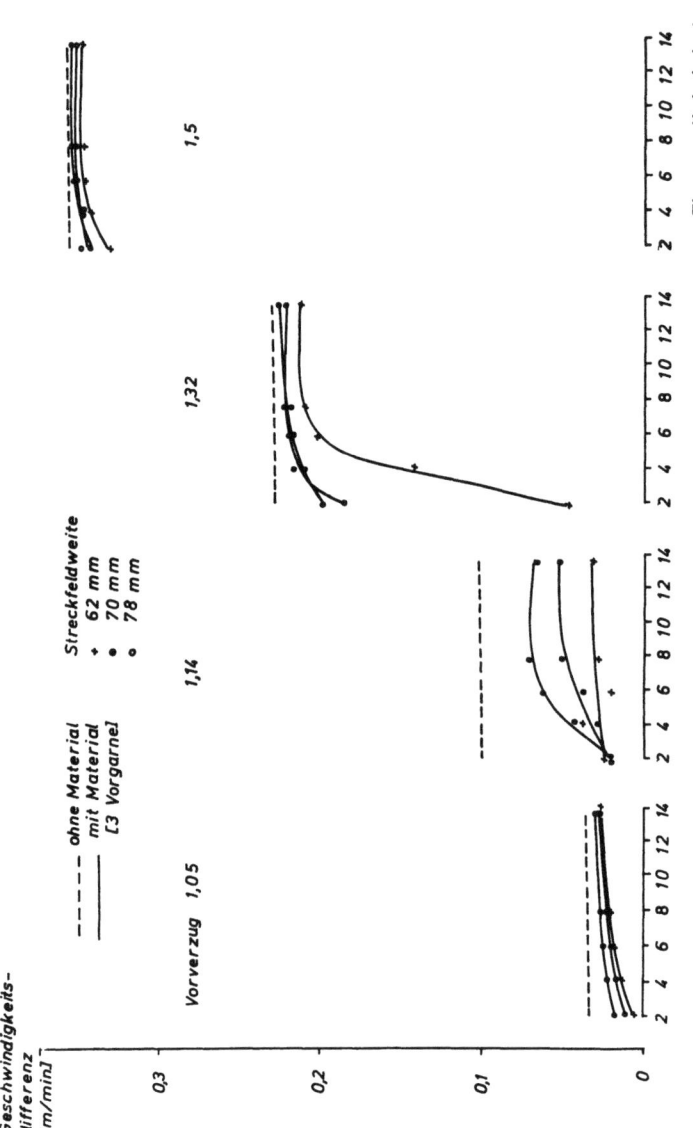

Abb. 17 Differenz der Druckrollergeschwindigkeit zwischen Einzugs- und Lieferzylinder abhängig von der Streckfeldweite

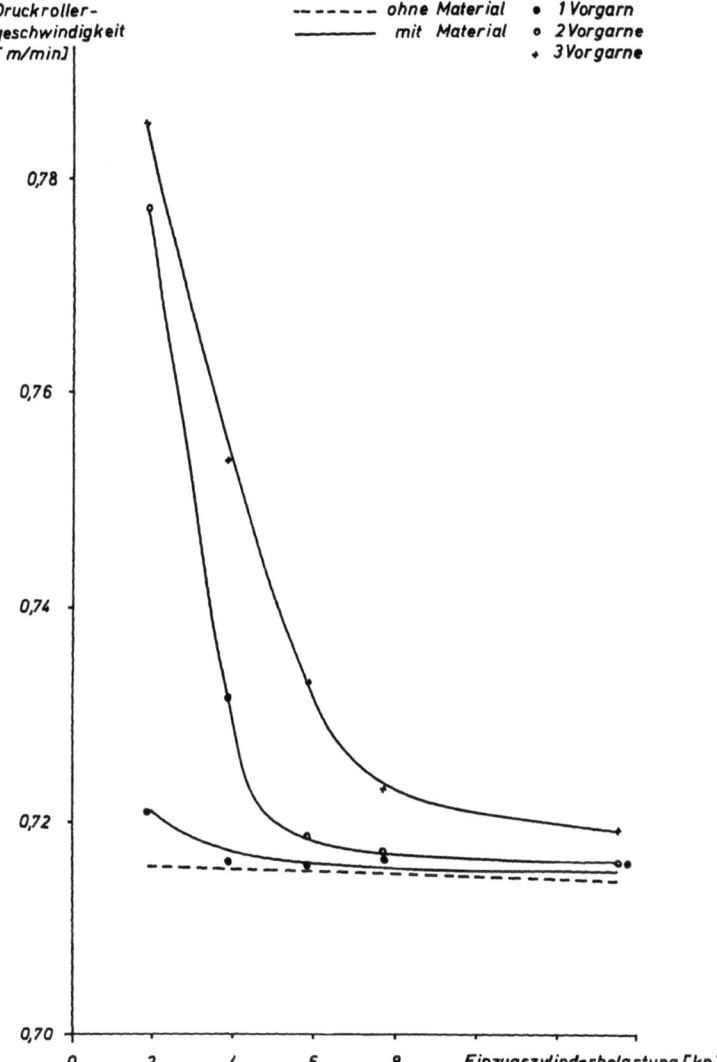

Abb. 18 Einfluß der Vorgarnvorlage auf die Druckrollerbewegung am Einzugszylinder

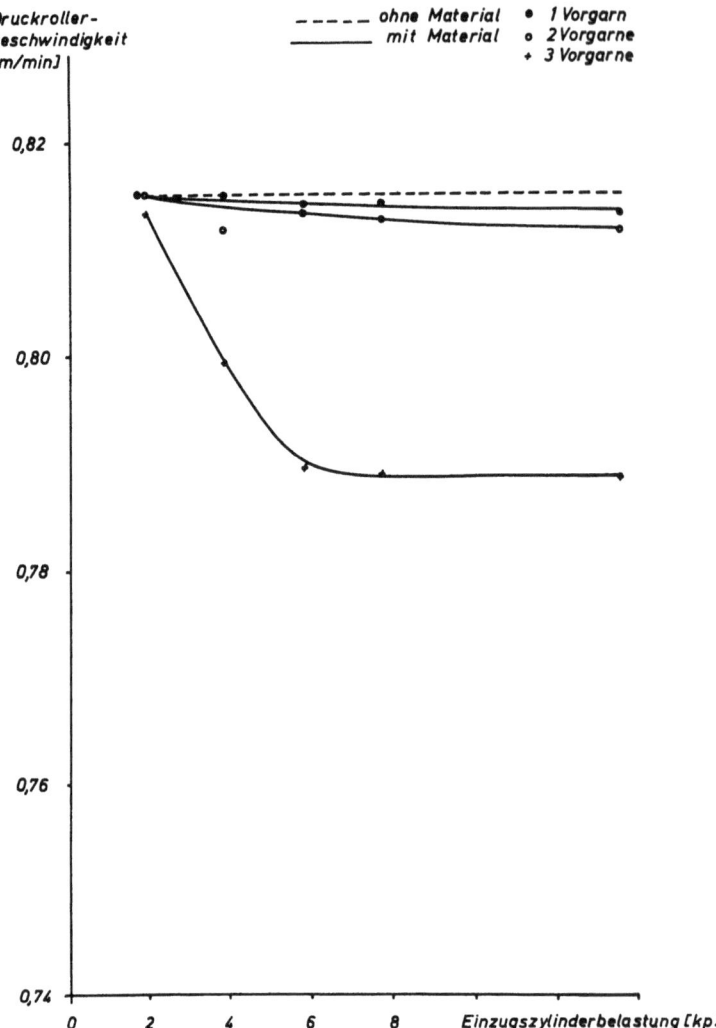

Abb. 19   Einfluß der Vorgarnvorlage auf die Druckrollerbewegung am Lieferzylinder

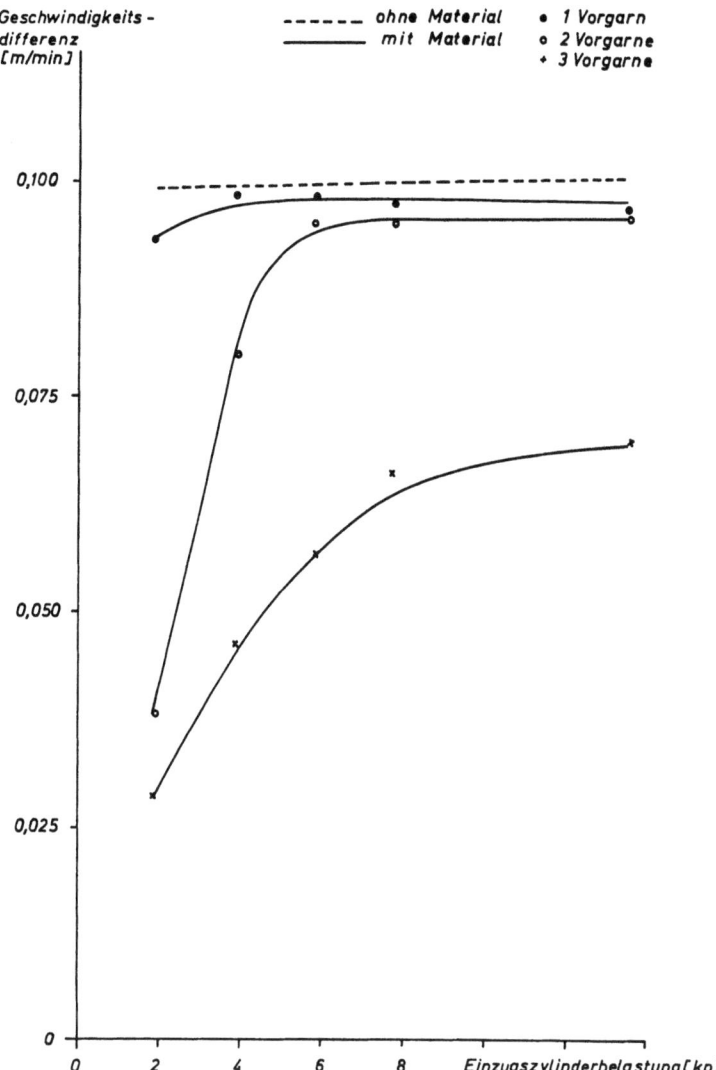

Abb. 20 Differenz der Druckrollergeschwindigkeit zwischen Einzugs- und Lieferzylinder abhängig von der Zahl der vorgelegten Vorgarne

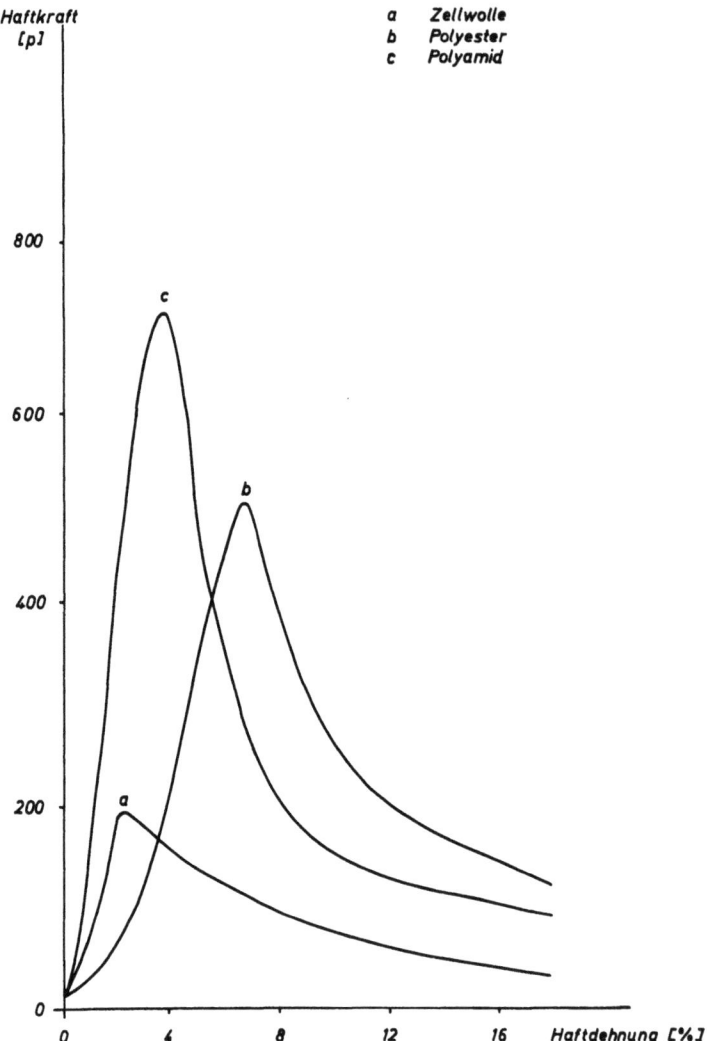

Abb. 21 Mittlere Haft-Gleit-Linien verschiedener Flyergarne

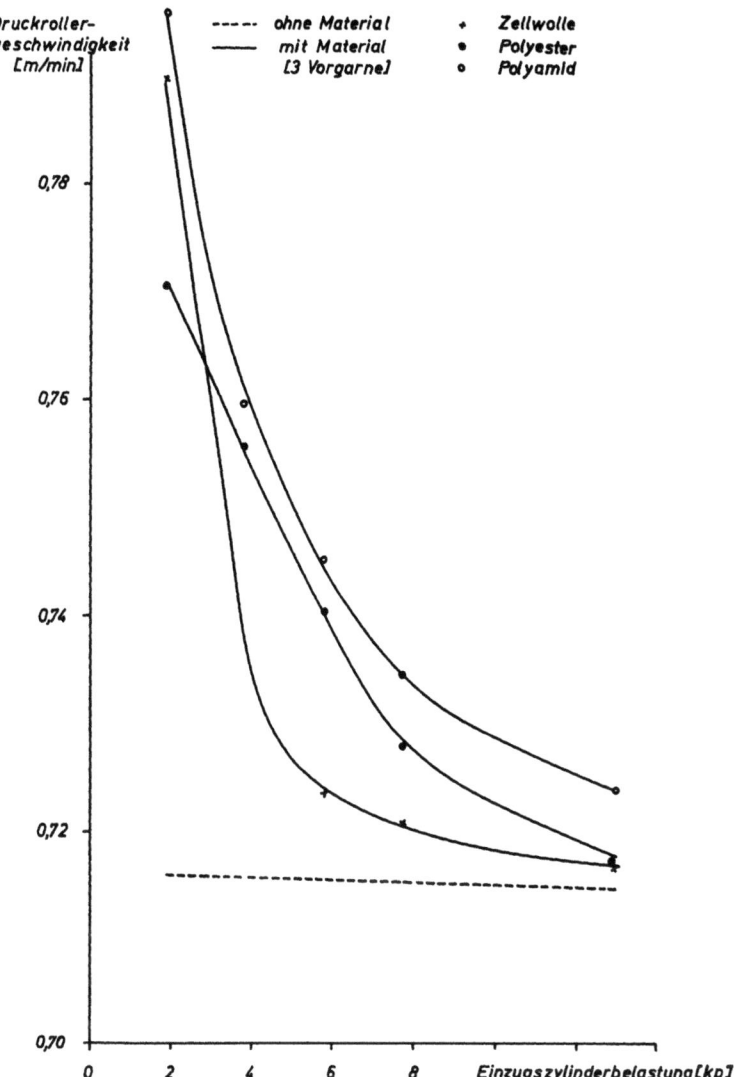

Abb. 22 Einfluß der Haft-Gleit-Eigenschaften auf die Druckrollerbewegung am Einzugszylinder

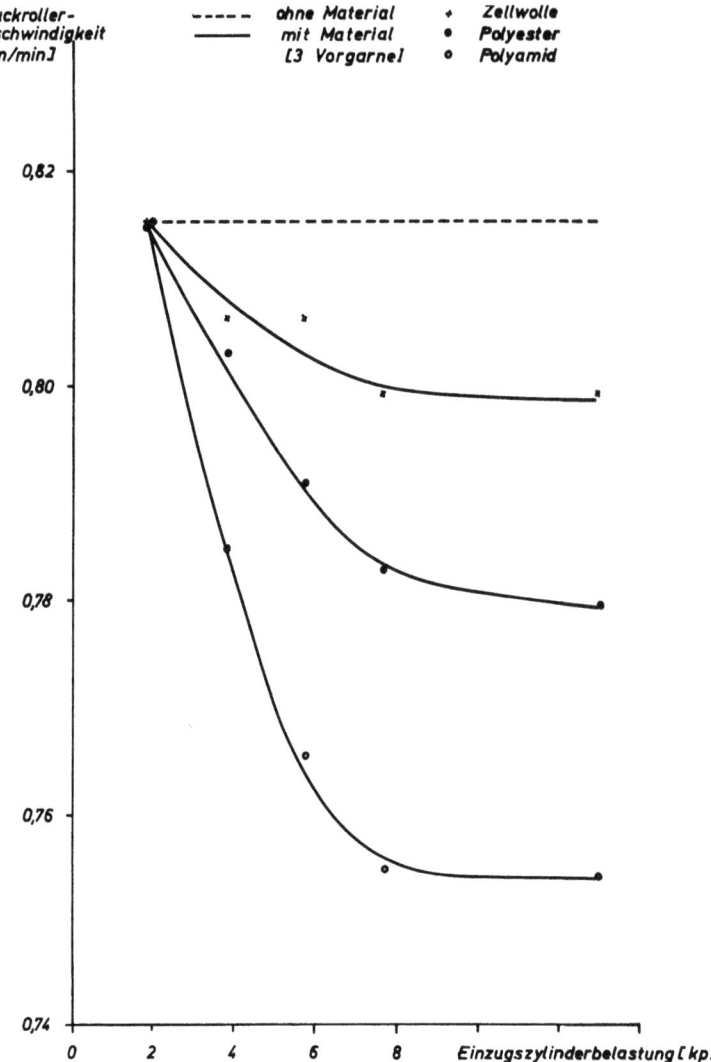

Abb. 23 Einfluß der Haft-Gleit-Eigenschaften auf die Druckrollerbewegung am Lieferzylinder

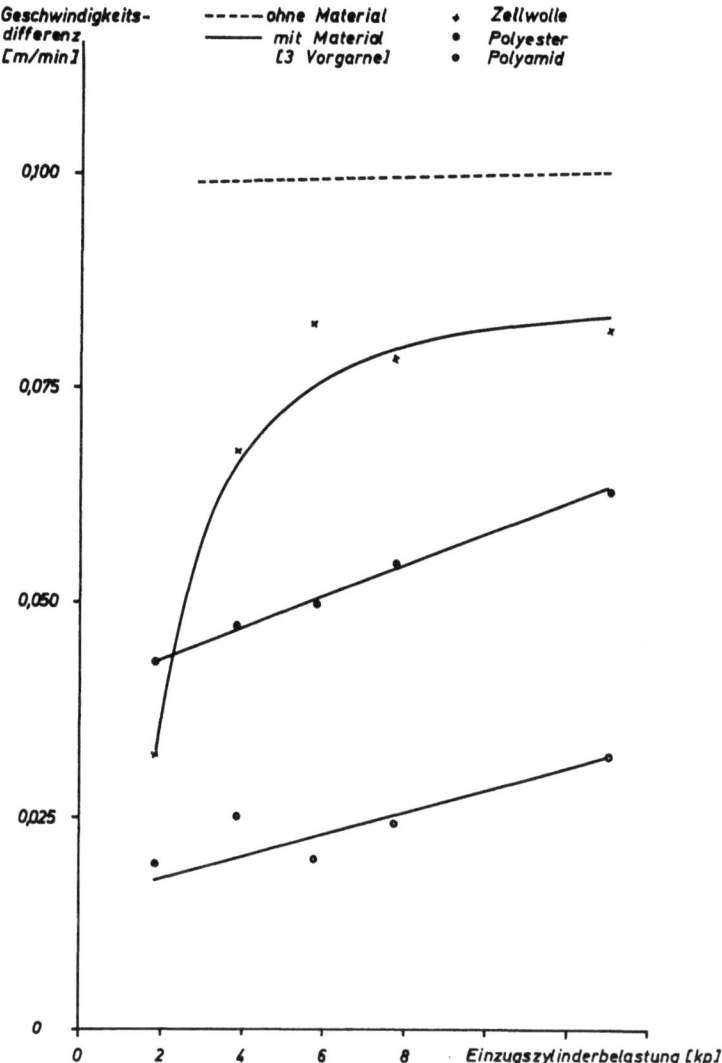

Abb. 24 Differenz der Druckrollergeschwindigkeit zwischen Einzugs- und Lieferzylinder abhängig von den Haft-Gleit-Eigenschaften der Vorgarne

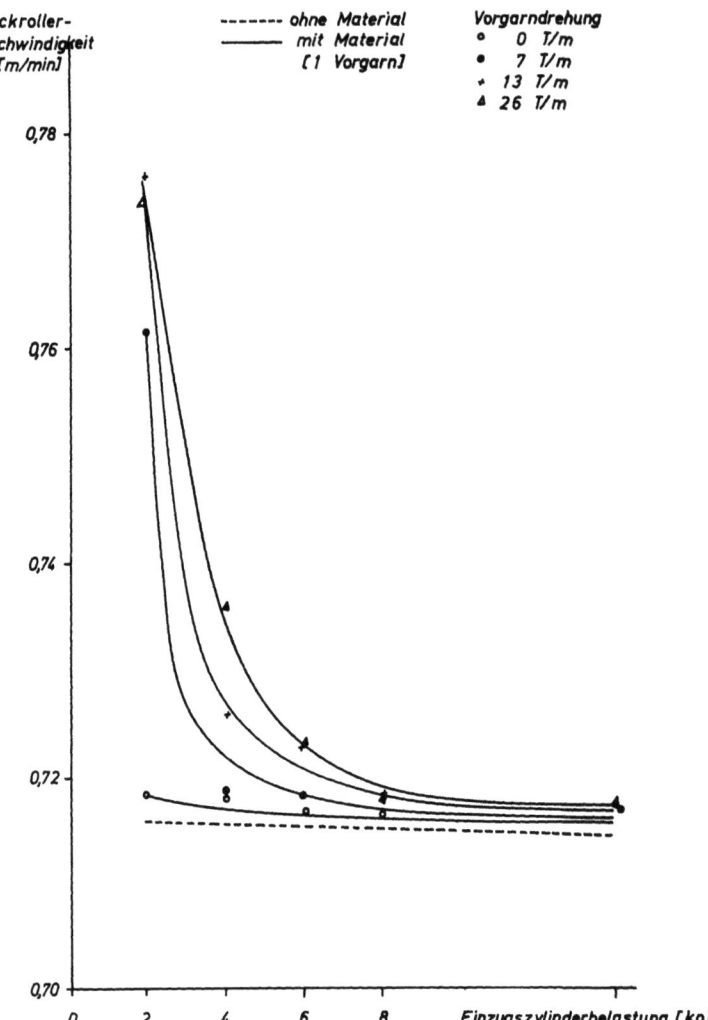

Abb. 25 Einfluß einer zusätzlich mit der Drehvorrichtung erteilten Vorgarndrehung auf die Druckrollerbewegung am Einzugszylinder

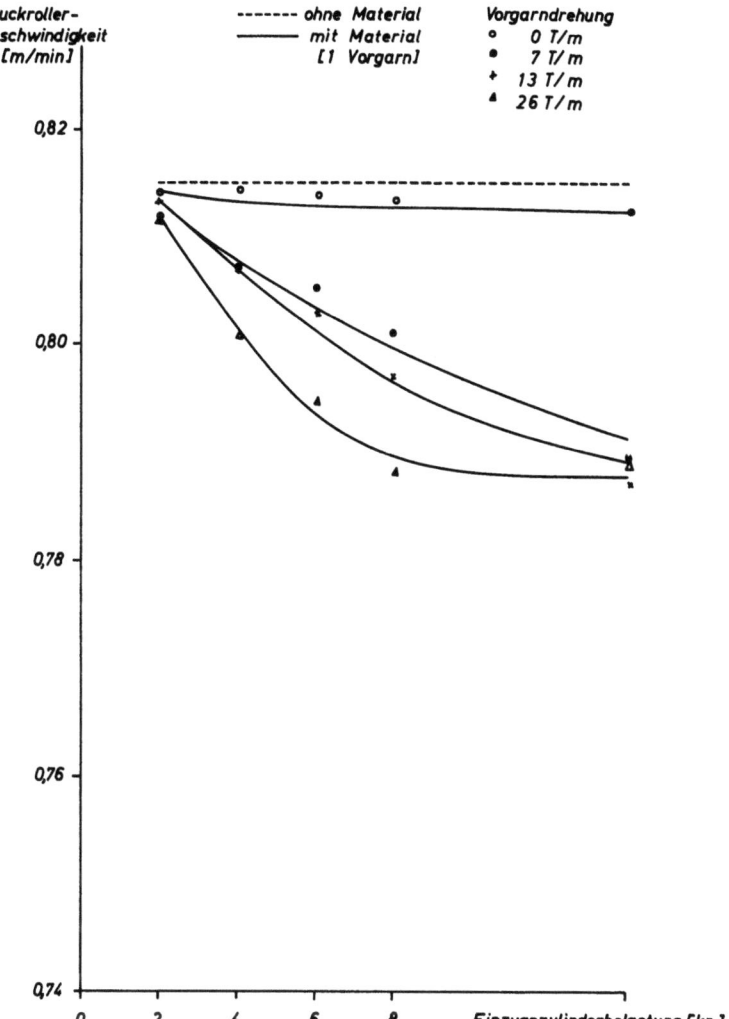

Abb. 26 Einfluß einer zusätzlich mit der Drehvorrichtung erteilten Vorgarndrehung auf die Druckrollerbewegung am Lieferzylinder

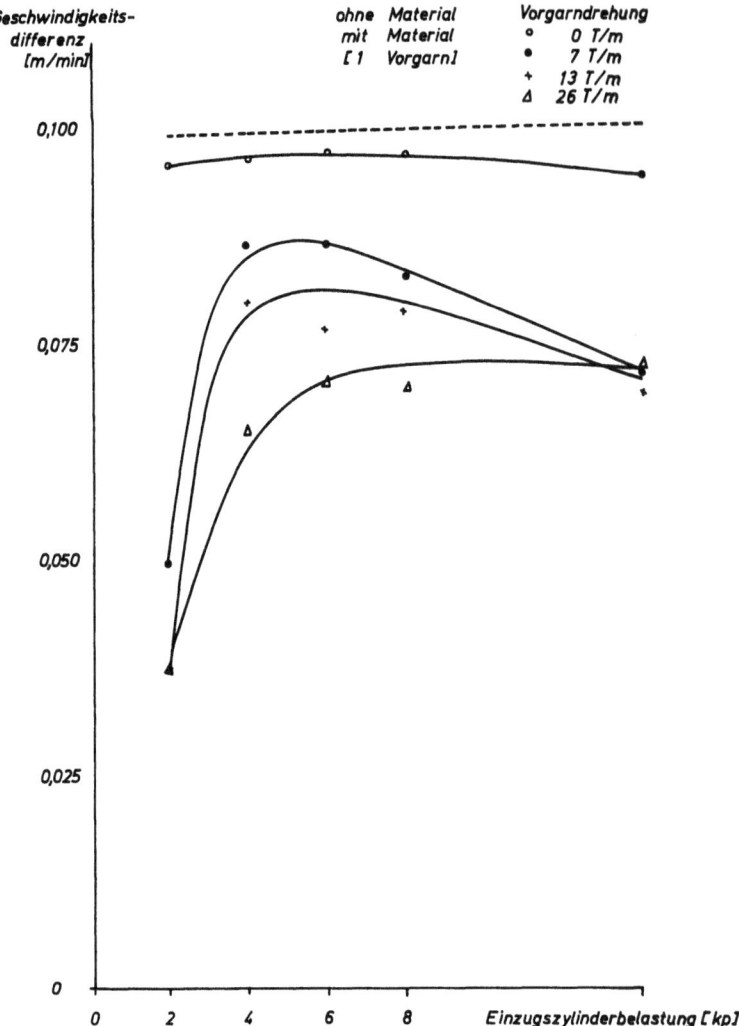

Abb. 27 Differenz der Druckrollergeschwindigkeit zwischen Einzugs- und Lieferzylinder abhängig von der zusätzlich erteilten Vorgarndrehung

Forschungsberichte des Landes Nordrhein-Westfalen

Herausgegeben im Auftrage des Ministerpräsidenten Heinz Kühn
von Staatssekretär Professor Dr. h. c. Dr. E. h. Leo Brandt

Sachgruppenverzeichnis

Acetylen · Schweißtechnik
Acetylene · Welding gracitice
Acétylène · Technique du soudage
Acetileno · Técnica de la soldadura
Ацетилен и техника сварки

Arbeitswissenschaft
Labor science
Science du travail
Trabajo científico
Вопросы трудового процесса

Bau · Steine · Erden
Constructure · Construction material ·
Soil research
Construction · Matériaux de construction ·
Recherche souterraine
La construcción · Materiales de construcción ·
Reconocimiento del suelo
Строительство и строительные материалы

Bergbau
Mining
Exploitation des mines
Minería
Горное дело

Biologie
Biology
Biologie
Biologia
Биология

Chemie
Chemistry
Chimie
Quimica
Химия

Druck · Farbe · Papier · Photographie
Printing · Color · Paper · Photography
Imprimerie · Couleur · Papier · Photographie
Artes gráficas · Color · Papel · Fotografía
Типография · Краски · Бумага · Фотография

Eisenverarbeitende Industrie
Metal working industry
Industrie du fer
Industria del hierro
Металлообрабатывающая промышленность

Elektrotechnik · Optik
Electrotechnology · Optics
Electrotechnique · Optique
Electrotécnica · Optica
Электротехника и оптика

Energiewirtschaft
Power economy
Energie
Energía
Энергетическое хозяйство

Fahrzeugbau · Gasmotoren
Vehicle construction · Engines
Construction de véhicules · Moteurs
Construcción de vehículos · Motores
Производство транспортных средств

Fertigung
Fabrication
Fabrication
Fabricación
Производство

Funktechnik · Astronomie
Radio engineering · Astronomy
Radiotechnique · Astronomie
Radiotécnica · Astronomía
Радиотехника и астрономия

Gaswirtschaft
Gas economy
Gaz
Gas
Газовое хозяйство

Holzbearbeitung
Wood working
Travail du bois
Trabajo de la madera
Деревообработка

Hüttenwesen · Werkstoffkunde
Metallurgy · Materials research
Métallurgie · Matériaux
Metalurgia · Materiales
Металлургия и материаловедение

Kunststoffe
Plastics
Plastiques
Plásticos
Пластмассы

Luftfahrt · Flugwissenschaft
Aeronautics · Aviation
Aéronautique · Aviation
Aeronáutica · Aviación
Авиация

Luftreinhaltung
Air-cleaning
Purification de l'air
Purificación del aire
Очищение воздуха

Maschinenbau
Machinery
Construction mécanique
Construcción de máquinas
Машиностроительство

Mathematik
Mathematics
Mathématiques
Matemáticas
Математика

Medizin · Pharmakologie
Medicine · Pharmacology
Médecine · Pharmacologie
Medicina · Farmacología
Медицина и фармакология

NE-Metalle
Non-ferrous metal
Metal non ferreux
Metal no ferroso
Цветные металлы

Physik
Physics
Physique
Física
Физика

Rationalisierung
Rationalizing
Rationalisation
Racionalización
Рационализация

Schall · Ultraschall
Sound · Ultrasonics
Son · Ultra-son
Sonido · Ultrasónico
Звук и ультразвук

Schiffahrt
Navigation
Navigation
Navegación
Судоходство

Textilforschung
Textile research
Textiles
Textil
Вопросы текстильной промышленности

Turbinen
Turbines
Turbines
Turbinas
Турбины

Verkehr
Traffic
Trafic
Tráfico
Транспорт

Wirtschaftswissenschaften
Political economy
Economie politique
Ciencias económicas
Экономические науки

Einzelverzeichnis der Sachgruppen bitte anfordern

Westdeutscher Verlag · Köln und Opladen
567 Opladen/Rhld., Ophovener Straße 1–3, Postfach 1620

If you have any concerns about our products,
you can contact us on
ProductSafety@springernature.com

In case Publisher is established outside the EU,
the EU authorized representative is:
**Springer Nature Customer Service Center GmbH
Europaplatz 3, 69115 Heidelberg, Germany**

Printed by Libri Plureos GmbH
in Hamburg, Germany